Franz von Preuschen

**Die Allantois des Menschen**

eine entwickelungsgeschichtliche Studie auf Grund eigener Beobachtung

Franz von Preuschen

**Die Allantois des Menschen**
*eine entwickelungsgeschichtliche Studie auf Grund eigener Beobachtung*

ISBN/EAN: 9783743379770

Hergestellt in Europa, USA, Kanada, Australien, Japan

Cover: Foto ©berggeist007 / pixelio.de

Manufactured and distributed by brebook publishing software (www.brebook.com)

Franz von Preuschen

**Die Allantois des Menschen**

# DIE

# ALLANTOIS DES MENSCHEN

## EINE

## ENTWICKELUNGSGESCHICHTLICHE STUDIE

### AUF GRUND

### EIGENER BEOBACHTUNG

VON

**FRANZ von PREUSCHEN**

3. O. PROFESSOR AN DER UNIVERSITÄT GREIFSWALD.

*Mit zehn Tafeln.*

WIESBADEN.

VERLAG VON J. F. BERGMANN.

1887.

Kgl. Universitätsdruckerei von H. Stürtz (vorm. Thein), Würzburg.

HERRN

# GEHEIMEN RATH PROFESSOR Dr. ALBERT VON KÖLLIKER

ZUR

## FEIER SEINES SIEBENZIGSTEN GEBURTSTAGES

GEWIDMET VON

SEINEM DANKBAREN SCHÜLER.

# Inhalts-Verzeichniss.

# Einleitung.

Trotz der bedeutenden Förderung, welche die Kenntniss der Entwickelungsgeschichte des Menschen in den letzten Jahren erfahren hat, sind wir über einige der allerwichtigsten Fundamentalfragen frühester Entwickelungsvorgänge bis jetzt unaufgeklärt. Dies gilt in erster Linie für die Allantois des Menschen und für die damit zusammenhängende Lehre von der Gefässverbindung zwischen Embryo und peripherer Eihaut.

Auch in der grossen Reihe menschlicher Embryonen, deren anatomische Beschreibung His[1]) in seinem vortrefflichen Werke gegeben hat, fehlen gerade diejenigen Stufen, die über diesen wichtigen Abschnitt menschlicher Entwickelungsgeschichte Auskunft geben könnten. Zwischen den jüngsten Embryonen von His und den Früchten im Keimblasenstadium, als deren Repräsentant das bekannte Ei von Reichert[2]) angesehen werden kann, klafft eine Lücke, deren Ueberbrückung bisher nur auf dem Wege der Hypothese möglich war.

In dem Reichert'schen Ei war noch keine Spur von einem Embryo vorhanden; nur an einer Stelle zeigte sich die

---

[1]) W. His, Anatomie menschlicher Embryonen. Leipzig 1880—85.

[2]) C. B. Reichert, Beschreibung einer frühzeitigen menschlichen Frucht im bläschenförmigen Bildungszustande (sackförmiger Keim, v. Baer) nebst vergleichenden Untersuchungen über die bläschenförmigen Früchte der Säugethiere und des Menschen. (Mit 5 Tafeln.) Abhandlungen der königl. Akad. d. Wissenschaften zu Berlin 1873, S. 1.

Keimblase doppelblätterig und diese glaubt Reichert als Fruchthof oder Embryonalfleck ansehen zu müssen.

Die nächsten Beobachtungen [1]) zeigen den Embryo bereits angelegt; er ist von der Oberfläche in das Innere des Eies gerückt, besitzt Amnion und Nabelblase und ist mit der peripheren Eihaut durch einen Strang verbunden.

Welche Vorgänge haben sich inzwischen abgespielt? Wie hat sich die wichtige Verbindung zwischen Embryo und peripherer Eihaut vollzogen, die als Brücke für die Gefässverbindung zwischen Embryo und Chorion dient?

Die bis jetzt herrschende Lehre hält bekanntlich die Allantois für die Vermittlerin. Dieselbe wurde von Karl Ernst von Baer [2]) begründet, der die Allantois als kleines Bläschen in allen Eiern des 1. und 2. Monats zwischen Amnion und Chorion fand und ihr die Aufgabe zuschrieb, die Gefässe von dem Embryo an die äussere Eihaut zu heben. Es bleibt nach Baer nur zu entscheiden, ob das Gefässblatt als Ganzes die Allantoisblase verlässt und in Form eines Blattes (Blase) an die äussere Eihaut sich anlegt, oder ob lediglich die Gefässe auf die äussere Eihaut übertreten, sobald die Allantoisblase die seröse Hülle erreicht hat.

Einen ähnlichen Standpunkt vertritt Kölliker.

In seiner Entwickelungsgeschichte [3]) wie auch in seinem Grundriss [4]) tritt er für die Existenz einer freien Allantois

---

[1]) Von den Thomson'schen Embryonen I und II sehe ich hier ab; ich werde auf dieselben eingehend zurückkommen.

[2]) Karl Ernst v. Baer, Ueber Entwickelungsgeschichte der Thiere. Beobachtung und Reflexion. II. Theil. Königsberg 1837. Seite 275 u. d. f.

[3]) Albert Kölliker, Entwickelungsgeschichte des Menschen und der höheren Thiere. Leipzig 1873, 2. Aufl., Seite 364 u. d. f.

[4]) Derselbe, Grundriss der Entwickelungsgeschichte des Menschen und der höheren Thiere. 2. Aufl. Leipzig 1884. Seite 180 u. d. f.

ein und äussert sich dahin, dass die innere, gefässhaltige Lage des Chorions einer Umbildung derselben ihren Ursprung verdanke. Hinsichtlich der Frage, ob die Allantois als Blase die seröse Hülle umwuchert oder derselben nur ihre Bindegewebsschicht abgiebt, erklärt sich Kölliker für die letztere Anschauung.

So entschieden nun auch Kölliker, namentlich in seinem „Grundriss der Entwickelungsgeschichte" für die Abstammung der Gefässschicht des Chorions von der Allantois eintritt, so muss doch schon hier hervorgehoben werden, dass er in seiner „Entwickelungsgeschichte" auch die Möglichkeit offen lässt, dass die Bindegewebsschicht des Chorions von der sogenannten Hautplatte der Amnionfalte herrühren könne.[1]) Ich werde später auf diesen Punkt ausführlich zurückkommen und den Nachweis führen, dass diese letztere Vermuthung in der That zutreffend ist.

Die Allantois erhält sich als freies Gebilde, wie Kölliker annimmt, nur kurze Zeit; schon in der zweiten Woche legt sich dieselbe an die seröse Hülle an.

Eine vollkommen abweichende Ansicht vertritt His.[2])

Eine blasenförmige oder auch nur freie Allantois existirt nach diesem Autor beim menschlichen Embryo überhaupt nicht. Von dem Schwanzende des Embryos erstreckt sich vielmehr ein dicker Strang nach dem Chorion, den His Bauchstiel nennt, und der die niemals unterbrochene Verbindung zwischen Chorion und Embryo darstellt. Der Bauchstiel bildet eine Fortsetzung der vorderen Leibeswand; er entspringt dicht hinter dem Nabelschlitz, um sich nach kurzem und nach hinten gerichtetem Verlauf an das Chorion zu inseriren. In seinem Inneren enthält er ein enges Epithelrohr, den sogenannten Allantoisgang.

---

[1]) Albert Kölliker, Entwickelungsgeschichte des Menschen und der höheren Thiere. Leipzig 1873. 2. Aufl. Seite 369.

[2]) His a. a. O. III., Seite 222 u. d. f.

1*

Es ist bereits hervorgehoben, dass das Beobachtungsmaterial gerade in diesem wichtigen Abschnitt eine Lücke bietet, die bis jetzt unausgefüllt geblieben ist. Ich muss es daher als einen günstigen Zufall bezeichnen, dass ich in den Besitz eines Embryos gelangte, der über die fraglichen Entwickelungsvorgänge Aufschluss zu geben im Stande ist.

Ich habe den Embryo schon vor einigen Jahren erhalten und auch bereits über die Ergebnisse der anatomischen Untersuchung Bericht erstattet[1]). Die genaue Durcharbeitung und Anfertigung der Zeichnungen erforderte jedoch geraume Zeit; auch wurde ich durch meine anderweitige Thätigkeit so in Anspruch genommen, dass sich die ausführliche Publikation gegen meinen Willen verzögerte.

Von allen gut erhaltenen Embryonen, von welchen eine ununterbrochene Schnittserie existirt, ist der dieser Arbeit zu Grunde liegende der jüngste.[2])

Der Embryo besitzt eine blasenförmige Allantois; er liegt aber nicht frei in der Chorionhöhle, sondern ist durch eine membranöse Verbindung, die ich Hautstiel nenne, an die äussere Eihaut angeheftet.

Der Hautstiel geht aus der Hautplatte der hinteren Amnionfalte hervor und stellt die niemals unterbrochene Verbindung zwischen Embryo und Chorion dar.

---

[1]) v. Preuschen. Vorläufige Mittheilung über die Ergebnisse der anatomischen Untersuchung eines frischen menschlichen Embryos mit freier blasenförmiger Allantois (3,7 mm. Länge). (Mit 1 Tafel.) Mittheilungen des naturwissenschaftl. Vereins von Neu-Vorpommern und Rügen. 12. Jahrgang 1884 und Separatabdruck.

[2]) In einem besonderen Kapitel, das dem Vergleich meines Embryos mit anderen bereits publicirten Stücken gewidmet ist, wird dieser Nachweis ausführlich gegeben werden. Die Embryonen SR, E und wahrscheinlich auch L₁ von His sind jünger als der meinige. Von den beiden ersteren existiren aber keine Schnitte; von Embryo L₁ sind solche zwar vorhanden, derselbe war aber so defekt, dass die Beschreibung eine unvollständige ist.

Der Hautstiel dient als Brücke für die Gefässverbindung zwischen Embryo und Chorion.

Die Allantois hat mit der Vascularisation und
der Heranbringung des Bindegewebskeimes an die
äussere Eihaut nichts zu thun, sie erlangt beim Menschen
überhaupt keine weitere Bedeutung, verkümmert bald und geht
in ihrem ausserhalb des Embryos gelegenen Theil bis auf
einige Residuen zu Grunde.

Es wird nun meine Aufgabe sein:

1. Die genaue anatomische Beschreibung meines Embryos
   zu geben und im Anschluss daran zu erörtern, ob derselbe normal ist oder nicht.

2. Den Beweis zu erbringen, dass die neben dem Hautstiel
   vom Schwanzende sich frei abhebende Blase wirklich die
   Allantois ist.

3. Nachzuweisen, dass der Befund kein vereinzelter ist, sondern sich an frühere Beobachtungen anfügt.

4. Die Bedeutung des Hautstiels zu erörtern.

5. Werde ich den Nachweis führen, dass die thatsächlichen
   Befunde, auf welchen die bisherige, insbesondere die His'-
   sche Lehre aufgebaut ist, mit der von mir vertretenen
   Lehre nicht in Widerspruch stehen.

Etwas umfangreich werden sich die Untersuchungen über
Punkt 3 gestalten, was zum Theil darin begründet ist, dass es mir
gelang, die ungedruckt gebliebenen und verloren geglaubten
„Studien zur Entwickelungsgeschichte des Menschen", die das
gesammte Material enthalten, auf dem K. E. v. Baer seine
menschliche Entwickelungsgeschichte aufbaut, an's Licht zu
ziehen und in dieser Arbeit zu verwerthen. An anderer Stelle
werde ich mittheilen, wie ich in Besitz dieses werthvollen Manuscriptes, das gerade für die Allantoisfrage von grösster Bedeutung ist, gekommen bin. Herrn Prof. Stieda, der auf

meine Veranlassung den Nachlass K. E. v. Baer's durch-
forschte und dasselbe auffand, darf ich aber schon an dieser
Stelle meinen verbindlichsten Dank dafür aussprechen.

Hier dürfte auch der Ort sein, einer weiteren Dankespflicht
zu genügen.

Die Untersuchungen fanden auf dem hiesigen physiologi-
schen Institut statt; sie wurden in Gemeinschaft mit dem
Director desselben, Herrn Professor Landois, begonnen, dann
aber von mir allein fortgeführt. Nur durch das liebenswürdige
Entgegenkommen des Herrn Professor Landois und durch
die Mittel, über welche derselbe als Institutsdirector verfügt,
wurde die bildliche Beigabe in der Form und dem Umfange,
wie sie vorliegt, ermöglicht. Ich spreche daher Herrn Professor
Landois meinen verbindlichsten Dank aus.

# Beschreibung des Embryos.

Das Ei stammt von der 42jährigen Frau eines Kaufmannes, die 7 lebensfähige Kinder geboren und nachweislich niemals abortirt hatte. Bei der starken Familie musste dieselbe sehr thätig in den Haushalt eingreifen; sie war von früh bis spät auf den Beinen und konnte fast niemals, wie sie selbst angiebt, dem von ihr oft lebhaft empfundenen Bedürfniss nach Ruhe und Schonung Genüge leisten. Im Oktober, der genaue Termin war leider nicht mehr festzustellen, war sie zum letzten Male menstruirt. Im November erkrankte ein Kind. Die am Tage bereits unablässig thätige Frau musste sich nun auch des Nachts einer aufreibenden Krankenpflege unterziehen. Sie beachtete es daher kaum, als im November die Menstruation ausblieb. Eine am 4. Dezember auftretende Blutung hielt sie für die Periode. Nachdem dieselbe jedoch zwei Tage angehalten, wurde das Ovulum ausgestossen.

Das Ei war von der Decidua theilweise bedeckt und derart von Blutcoagulis überzogen, dass von Chorionzotten nichts zu sehen war. Bei der Eröffnung zeigten sich auf der Innenfläche eine Anzahl Wülste, die zum Theil von frischen, hellrothen, zum Theil von älteren, bereits schwärzlich verfärbten hämorrhagischen Herden herrührten.

Auf einem dieser Wülste präsentirte sich ein äusserst zarter Embryo. Derselbe war vom Amnion knapp umhüllt und mit seinem hinteren Köperende an die äussere Eihaut befestigt.

Die Maasse des Eies wurden nach Eröffnung desselben ermittelt.
Die Länge des collabirten, flach auf der Unterlage aufliegen-
den Eisackes betrug 3 $\frac{1}{2}$, die Breite 2 $\frac{1}{2}$ cm.

Da ich am Abend nach eingetretener Dunkelheit in Besitz des Eies gelangte, musste ich von einer sofortigen genaueren
Untersuchung Abstand nehmen. Ich brachte daher das Ovulum
in verdünnte Müller'sche Flüssigkeit (1 : 3).

Am folgenden Morgen wurde bei direktem Sonnenlicht
die erste Untersuchung vorgenommen und der Embryo von
der rechten Seite bei 31 facher Vergrösserung gezeichnet.
Diese Zeichnung, sowie alle übrigen, wurden mit dem Hartnack'schen Prisma aufgenommen.

### Aeussere Gliederung des Embryos.

Taf. I. Der Embryo ist nur mässig gekrümmt. Ueber ein
Drittel seiner gesammten Länge wird vom Kopfe eingenommen.
Letzterer lässt durch das Amnion die Gliederung in die ein-
zelnen Hirnabschnitte vortrefflich erkennen. Der höchste Punkt
(Scheitel) des Hirnrohres wird vom Mittelhirn (Mh) gebildet.
Von hier aus lässt sich ein kürzerer vorderer und ein längerer
hinterer Hirnschenkel unterscheiden. Der vordere Schenkel,
der mit dem hinteren fast einen rechten Winkel bildet, umfasst
Zwischenhirn (Zh) und Vorderhirn (Vh). Ersteres stellt eine
schwache Einziehung zwischen Mittel- und Vorderhirn dar.
Der hintere Schenkel setzt sich aus Hinterhirn (Hh) und Nachhirn (Nh) zusammen. Zwischen Hinter- und Nachhirn ist eine
leichte Einziehung (in der Zeichnung etwas zu stark markirt),
die spätere Brückenkrümmung, vorhanden. Sämmtliche Abschnitte des Hirns sind so modellirt, dass sie ausserordentlich
prägnant durch das Amnion zu erkennen sind; auch die Grenzen
der einzelnen Abschnitte sind sehr deutlich, nur der Uebergang
zwischen Nachhirn und Medullarrohr ist äusserlich nicht wahrnehmbar.

Von der Anlage des Gehörorgans und der Augen fehlt jede Spur, ebenso ist keine Andeutung des Nasenfeldes zu ermitteln. Die Extremitätenanlage fehlt gleichfalls vollständig. Ich bemerke, dass die Untersuchung durch das Amnion des Embryos stattfand; wie die Schnitte ergaben, waren aber die hier namhaft gemachten Organe in der That noch nicht angelegt.

Die Krümmung der Rückenlinie ist, wie schon bemerkt, nur mässig; sieht man von der seichten Einziehung zwischen Hinter- und Nachhirn ab, so kann man einen geraden (gestreckten) vorderen und einen convexen hinteren Schenkel des Rumpfes unterscheiden. Beide Schenkel stossen in der Gegend des letzten Urwirbelsegments zusammen.

Eine Regioneneintheilung des Rumpfes ist noch nicht durchführbar, da erst 3—4 Urwirbelsegmente äusserlich erkennbar sind (Us). Das vorderste Segment entspricht dorsalwärts der Grenze zwischen Nachhirn und Medullarrohr, ventralwärts dem Ventrikeltheil des Herzens. Die Symmetriefläche des Embryos stellt eine fast vollkommene Ebene dar, nur um ein Geringes weicht der hintere Theil der Körperachse nach links ab.

Unter dem Vorderhirn erscheint die Mundbucht (Mb). Eine kleine Furche im oberen vorderen Winkel derselben markirt die Stelle der späteren Augennasenrinne. Die Mundbucht wird nach hinten begrenzt von einer rundlichen Anschwellung (Sb, Ab) (am Embryo etwas defect), die distalwärts, durch eine leichte Einziehung getrennt, in eine grössere Anschwellung (V) übergeht. Diese beiden Anschwellungen liegen in dem ventralwärts offenen Theil der Körperspange, der vorn vom Vorderhirn, hinten vom hinteren Körperende des Embryos begrenzt wird. Die vordere Schwellung (Sb, Ab) ist vom Amnion vollständig überzogen, während die hintere zum grössten Theil dieser Bekleidung entbehrt. Man sieht in der rechten Profilansicht (Taf. I) deutlich, wie das Amnion die Basis der Hervorragung umschliesst, die Kuppe aber vollständig frei lässt.

Die vordere kleine Anschwellung (Sb, Ab) wird von der Schlundbogenmasse und dem Aortenbulbus gebildet, die hintere (V) repräsentirt den Ventrikel- und Vorhofstheil des Herzens. Letzteres Organ bildet somit eine verhältnissmässig sehr bedeutende Auftreibung der ventralen Seite, die sich gleichzeitig durch ihre weit nach hinten gerichtete Lage auszeichnet. Wie die Durchschnitte ergaben, hat eine Scheidung in einen Vorhofs- und Ventrikelabschnitt noch nicht stattgefunden, das Herz hat vielmehr noch eine fast vollkommen gestreckte, schlauchförmige Gestalt.

Eine Abgliederung der Schlundbogen ist durch das Amnion nicht zu erkennen.

Das distale Körperende läuft in eine stumpfe Spitze aus, die ventralwärts umgebogen und nach vorn und aufwärts gerichtet ist. Durch diese Umbiegung sind auf der ventralen Seite einige Querfalten entstanden. Auf dieser stumpfen Spitze erhebt sich ein blasenförmiges Gebilde (A), dessen Ansatz an das Schwanzende durch ein vorgelagertes hautartiges Band (Hs) überdeckt ist. Das blasenförmige Gebilde erstreckt sich zunächst in der Richtung der Schwanzspitze, biegt alsdann fast rechtwinkelig um, um nach kurzem, nach hinten gerichteten Verlauf und nach abermaliger Umbiegung in eine dorsalwärts gerichtete, abgestumpfte Spitze frei zu endigen. Der Ursprung dieses blasenartigen Gebildes, das ich als Allantois deute, ist von der rechten Körperseite nicht deutlich zu erkennen, da derselbe von dem beschriebenen häutigen Bande (Hautstiel), welches den Embryo mit dem Chorion verbindet, überlagert ist.

Auf der linken Körperseite (Taf. II) ist der Ursprung der Allantois, ihr Verhalten zum Hautstiel sowie zu dem Amnion dagegen sehr deutlich. Man sieht hier zunächst die hakenartige Umbiegung des Schwanzendes und die durch dieselbe entstandenen Querfalten. Ferner erkennt man deutlich, wie

die Allantois nicht von der ventralen Seite des hinteren Körperendes, sondern von der äussersten Schwanzspitze entspringt.
Sie bildet die direkte Fortsetzung des distalen Körperendes, ist
aber von dem letzteren durch eine ringförmige Einziehung deutlich geschieden und durch den Ansatz des Amnions von demselben getrennt. Das letztere inserirt sich, nachdem es das
hintere Körperende des Embryos knapp umhüllt, auf der äussersten Spitze des Schwanzes und lässt die Allantois selbst frei, so
dass diese ausserhalb der Amnionhöhle liegt.

Vor der Allantois entspringt von der ventralen Seite des
distalen Körperendes der mehrfach erwähnte Hautstiel. Derselbe verläuft auf der rechten Seite des hinteren Körperendes,
den Ansatz der Allantois an der Schwanzspitze sowie letztere
selbst und den unteren Theil der Allantois von dieser Seite
überdeckend, direkt nach dem Chorion und verbreitet sich hier
in die innere Lamelle dieser Eihaut.

Die Allantois verdient ihren Namen „Membrana allantoides s.
farciminalis“ mit Recht, denn sie hat in der That eine vollkommen wurstförmige Gestalt. Sie stellt ein cylindrisches Gebilde dar, an dem man auf der Zeichnung (Taf. II) ein Mittelstück und zwei rechtwinkelig von demselben abgebogene End-
stücke unterscheiden kann. Das Kaliber des Cylinders bleibt
stets dasselbe, nur die beiden Enden sind verjüngt, und zwar
das proximale in etwas geringerem Maasse als das distale.
Letzteres läuft in einen spitzen Zipfel aus, so dass auch nach
dieser Richtung die Bezeichnung „Membrana farciminalis“ zutreffend erscheint. An dem proximalen Ende der Allantois
tritt die Verjüngung ziemlich unvermittelt, kurz vor der Einsenkung in das hintere Körperende, auf. Von einem Stiel der
Allantois kann daher in diesem Stadium der Ausbildung kaum
die Rede sein.

Auf der Ventralseite (Taf. III) ist der Embryo in grosser
Ausdehnung offen. Da die Nabelblase fehlt, so überblickt man

hier einen Spalt, der sich in der Ausdehnung von 1,44 mm. von der vorderen Fläche des Herzens bis zur Wurzel der ventralen Krümmung des hinteren Körperendes erstreckt. Hier endet indessen der Nabelspalt nur scheinbar, in Wirklichkeit erstreckt sich derselbe bis zur hinteren Amnionfalte, den Ursprung der Allantois umfassend. Die Täuschung ist offenbar dadurch veranlasst, dass die Seitenscheiden des Amnions vor der Wurzel der Allantois dicht aneinander liegen. In querer Richtung nimmt der Spalt fast die ganze Breite des Herzens ein. Eingefasst wird derselbe vom Amnion, dessen Ränder anscheinend frei am Spalte endigen, ohne in die Leibeswand des Embryos umzubiegen. Man wird jedoch nicht fehlgehen, wenn man den Spalt für den Leibesnabel (Hautnabel) ansieht und annimmt, dass der freie Rand des Amnions dem Umschlag desselben in die Leibeswand entspricht, und dass die Verbindung beider beim Abreissen der Nabelblase sich theilweise gelöst hat.

In dem Spalt überblickt man das Herz, das somit in seiner grössten Ausdehnung vom Amnion noch nicht bedeckt ist. Die hinter dem Herzen gelegene, mehr zurücktretende Partie ist defekt, es ist daher vom Darmnabel nichts zu sehen, der indessen als breiter Schlitz vorhanden ist, wie aus den Durchschnitten hervorgeht.

Die Maasse sind folgende: (Tafel IV)

A. Vom Scheitelpunkt des Hirnrohrs (Mittelhirn) bis zur Schwanzkrümmung 3,78 mm.

B. Circumferenz der Rückenlinie vom Scheitelpunkt des Vorderhirns bis zur Schwanzspitze 5,13 mm.

C. Von der stärksten Hervorragung des Vorderhirns bis zur stärksten Erhebung des Mittelhirns 1,48 mm.

D. Höhe des Vorderhirns 0,72 mm.

E. Breite des Embryos in der Gegend der Schlundbogen 1,39 mm.

F. Breite des Embryos in der Herzgegend (von der stärksten Hervorragung des Herzens nach dem gegenüberliegenden Punkt der Rückenlinie) 1,48 mm.

G. Breite der Allantois am proximalen Ende 0,49 mm.

H. Breite der Allantois am distalen Ende 0,45 mm.

I. Circumferenz der Allantois (vom Ansatz am Schwanze des Embryos bis zur Spitze) 2,16 mm.

K. Länge der Nabelöffnung in der Längsrichtung des Embryos 1,44 mm.

### Weitere Behandlung des Embryos.

Der Embryo wurde, nachdem er 5 Tage in verdünnter Müller'scher Flüssigkeit gelegen, in 72% Alkohol gebracht und hierin etwa 8 Wochen belassen, darnach in Glycerinseife eingebettet und vermittelst des His'schen Mikrotoms in 30 Querschnitte von je 0,1 mm. Dicke zerlegt. Die Härtung war so vorzüglich gelungen, dass nicht ein einziger Schnitt ausfiel. Nur bei einem fand eine Verzählung der Schraubengänge des Mikrotoms statt, so dass er statt 0,1 mm. 0,2 mm. Dicke besitzt.

Die Differenz von 0,6 mm., welche sich zwischen den Schnitten und der angegebenen Länge des Embryos ergiebt, findet ihre Erklärung einestheils in der nicht bestimmbaren Dicke des ersten und letzten Schnittes, anderntheils und zwar vorzugsweise in der Zeitdifferenz, welche zwischen Messung und Mikrotomirung besteht. Die Messung wurde an dem fast frischen Objekt vorgenommen, die Mikrotomirung dagegen, nachdem der Embryo nahezu 2 Monate in Spiritus gelegen hatte. Die hierdurch bewirkte Schrumpfung (vermehrte Krümmung) erklärt die Differenz hinlänglich.

## Medullarrohr.

Das Medullarrohr erstreckt sich von der Decke des Vorderhirns bis zum Steissende des Embryos. Auf Schnitt 28 ist dasselbe noch deutlich vorhanden, auf Schnitt 29 dagegen nicht mehr nachweisbar. Ob dasselbe vollkommen geschlossen war, lässt sich leider mit Sicherheit nicht mehr feststellen. Es wurde nämlich verabsäumt, eine Zeichnung von der Dorsalseite des Embryos aufzunehmen und aus den Schnitten ist die Frage nicht mit vollkommener Gewissheit zu entscheiden, doch lässt sich soviel ermitteln (vergl. Schnitt 16 u. a., auch 28), dass der Schluss, wenn überhaupt eingetreten, sich jedenfalls erst ganz vor Kurzem vollzogen haben kann.

Sehr bemerkenswerth ist die mächtige Entwickelung des gesammten Medullarrohres, ein Verhalten, welches die unserem Embryo zunächst stehenden His'schen Embryonen nicht in gleichem Maasse aufweisen. Doch betont auch His das Uebergewicht, welches das Medullarrohr in der ersten Entwickelungszeit besitzt und macht insbesondere auf das Verhalten seines Embryos $L_1$ [1]) aufmerksam, bei dem das Hirnrohr einen sehr beträchtlichen Theil der Gesammttiefe des Körpers einnimmt. Dies Verhalten scheint für die jüngsten Entwickelungsstufen charakteristisch zu sein.

Nicht minder auffallend ist die vollkommen solide Beschaffenheit des Medullarrohres; nur auf einem der Durchschnitte der Lendenregion war bei gewissen Einstellungen des Mikroskops ein Lumen erkennbar.

Diese Erscheinung ist zwar bis jetzt noch nicht beobachtet, doch finden sich Andeutungen derselben in den nahestehenden His'schen Embryonen wieder. So ist das Lumen des Medullar-

---

[1]) His a. a. O. I. Seite 135.

rohres bei dem älteren Embryo M[1]) und theilweise auch bei
Embryo L, nur durch eine schmale Linie angedeutet, während
sich eine eigentliche Lichtung nur im Bereich der Rautengrube
und der Augenblasen findet.

Wie wir sahen, liegt zwischen Zeichnung und Mikrotomirung
des Embryos ein Zwischenraum von ungefähr 2 Monaten. Die
inzwischen eingetretene Schrumpfung resp. vermehrte Krümmung
erschwert die Deutung der Schnitte. Um dieser Deutung eine
sichere Unterlage zu geben, hätte man eigentlich noch eine
zweite Zeichnung unmittelbar vor der Mikrotomirung anfertigen
müssen, doch hätte auch dieses Verfahren wegen der Möglichkeit einer Veränderung der Krümmungsverhältnisse bei der Ein-
bettung selbst nicht alle Fehlerquellen ausgeschlossen.

Auf Schnitt 1 ist Mittel- und Zwischenhirn getroffen, während
auf Schnitt 2, 3 und 4 auch das Vorderhirn vorhanden ist. Letzteres
zeichnet sich durch seine tiefe und gleichzeitig schmale Beschaffenheit aus. Sehr bemerkenswerth ist das Fehlen der Augenanlage.
Die Augenblasen müssten auf den Schnitten 2—4 sich befinden,
die scharf ausgeprägten Conturen des Hirnrohres gestatten aber
den sicheren Schluss, dass dieselben noch nicht vorhanden sind.

Sehr viel voluminöser als Vorder- und Zwischenhirn ist das
Mittelhirn; der Querschnitt hat im Allgemeinen eine ovale
Form, die sich ventralwärts beim Uebergang in Zwischen- und
Vorderhirn etwas verjüngt.

Die Form des Hinterhirns gleicht im Allgemeinen derjenigen
des Mittelhirns, doch gewinnt namentlich bei Schnitt 8 die obere
Begrenzung entsprechend der Rautengrubenanschwellung an
Breite. Ein Eingesunkensein der Hirndecken im Bereiche der
Rautengrube, wie es die etwas älteren Embryonen von His
aufweisen, ist, entsprechend der soliden Beschaffenheit des
Medullarrohres, nicht vorhanden.

---

[1]) His a. a. O. Seite 116.

Wesentlich ändert sich erst die Form des Hirnrohres mit Beginn des Nachhirns auf Schnitt 9. Hier stellt der Querschnitt einen zugeschärften Keil dar, dessen Spitze sich tief ventralwärts erstreckt und den Vorderdarm fast berührt. Die dorsalwärts gerichtete Basis ist abgerundet und von beträchtlicher Breite.

Auf Schnitt 11 ist dasselbe sehr verjüngt und die Keilform durch convexe Einbuchtung der Seitenflächen modificirt. Schnitt 12 stellt den Uebergang des Nachhirns in das eigentliche Medullarrohr dar; es nehmen hier Breite und Tiefe des Hirnrohres bedeutend ab.

Das Medullarrohr hat im Allgemeinen die Form eines dreiseitigen Prismas mit zwei gleichen längeren und einer kürzeren Seite. Die kürzere Seite ist dorsalwärts gerichtet, während die beiden anderen die parietale Begrenzung bilden. Die durch Zusammenstoss der letzteren gebildete Spitze ist ventralwärts gerichtet. Sämmtliche Seiten sind in der Regel convex nach aussen gewölbt; nur Schnitt 16 und in geringerem Maasse Schnitt 17 machen eine Ausnahme. Hier zeigen die seitlichen Begrenzungslinien concave Einbiegung.

Kaliberunterschiede sind wiederholt deutlich wahrnehmbar, so zwischen Schnitt 13 und 14, ferner 15 und 16 u. a. m. Doch dürfte diese Differenz wahrscheinlich in der Schnittrichtung begründet sein. Auffallend und auf Zufälligkeit kaum zurückzuführen ist die Anschwellung in der Lendengegend, die sich bis zum Endschnitt des Medullarrohres erhält. Da die weit älteren Embryonen A und B[1]), wie His ausdrücklich bemerkt, eine Lendenanschwellung nicht besitzen, so nehme ich Anstand, aus diesem Verhalten weitere Schlüsse zu ziehen.

Bemerkenswerth ist ferner die bestimmtere Modellirung, die das Medullarrohr meines Embryos gegenüber den nahe-

----

[1]) His a. a. O. I. Seite 14

stehenden und älteren His'schen Embryonen besitzt, wo es als ein „im Ganzen abgeflachter Strang" beschrieben wird, dessen Kaliber von vorn nach hinten stetig abnimmt.

Von dem peripheren Nervensystem sind nur Ganglien-anlagen und auch diese nur im Bereiche des Hirnrohres vorhanden, Spinalganglien fehlen vollständig. Bei den Hirnganglien fällt die Mächtigkeit und gewissermassen das Grobe der Anlage auf, ein Verhalten, welches wir bei jüngsten Embryonen wiederholt als bemerkenswerthen Zug hervortreten sahen. Es sind sehr starke Zellanhäufungen, die durch die dunklere Beschaffenheit von der Umgebung sich abheben. Auffällig erscheint auch die tiefe (ventrale) Lage und die ungleiche Höhe der Ganglien auf beiden Seiten. Letzteres dürfte sich vielleicht aus einer seitlichen Verschiebung der Schnitte erklären, für welche auch an anderen Stellen Anhaltspunkte vorhanden sind. Eine Classification der Ganglienanlagen ist in diesem Stadium noch nicht durchführbar. Schon das Fehlen der Anlage des Gehör-organs [1]) würde der Deutung der einzelnen Ganglien Schwierig-keiten bereiten; ich sehe daher von einer solchen gänzlich ab.

## Eingeweiderohr.

Das Eingeweiderohr verläuft in gestreckter Richtung von der Basis des Vorderhirns (Schnitt 6) bis zum Schwanzende des Embryos. In seinem mittleren Abschnitt ist dasselbe noch ungeschlossen (rinnenförmig) und communicirt breit mit der Nabelblase. Der Abstand des Darmrohres vom Medullarrohr

---

[1]) In der vorläufigen Mittheilung habe ich das Vorhandensein der Gehör-blase angenommen. Ich wurde dazu durch die eigenthümliche Form der Zellan-häufung auf Schnitt 10 zu beiden Seiten des Nachhirns veranlasst. Nachdem ich die Arbeiten von His kennen gelernt, habe ich meine früheren Zeichnungen und auch das Präparat selbst noch einmal genau revidirt und nehme nunmehr keinen Anstand, die erstere Auffassung für irrthümlich zu erklären. Da keine Augenanlagen vorhanden sind, so wäre das Vorhandensein von vollkommen ge-schlossenen Gehörblasen auch sehr auffallend.

ist nicht überall gleich. Während der Vorderdarm bis Schnitt 8
einen ziemlich beträchtlichen Zwischenraum aufweist, findet auf
den Schnitten 9 und 10 fast eine Berührung zwischen Darm
und Spitze des Nachhirns statt. Von da ab bis gegen das
Schwanzende bleibt die Entfernung eine mittlere. Auf Schnitt
24 ist wieder eine grössere Annäherung zu konstatiren; dieselbe
erhält sich im ganzen Bereich des Enddarmes.

Auf Schnitt 5 beginnt die Mundbucht. Dieselbe wird
dorsalwärts von den Durchschnitten der Oberkieferfortsätze, zwei
dunklen rundlichen Massen, welche zu beiden Seiten des Schnittes,
nahe der ventralen Spitze desselben erkennbar sind, begrenzt.

In den Bereich dieses Schnittes fällt auch die Hypophysis
cerebri. Dieselbe bildet eine Ausstülpung der primitiven Mundbucht. Anfänglich eng, erweitert sich die Tasche in ihrem
nach hinten und oben gerichteten Verlauf und bildet am blinden
Ende eine doppelte kolbige Auftreibung, welche bis an die
Basis des Vorderhirns (Schnitt 4) reicht. Auch auf dem folgenden Schnitt (6) sind die Oberkieferfortsätze, die hier das Entodermrohr einfassen, getroffen. Ventralwärts sind dieselben
durch eine Substanzplatte mit einander verbunden. Diese
Platte, die eine ziemlich beträchtliche Dicke besitzt, erstreckt
sich in frontaler Richtung von einem Oberkieferfortsatz zum
anderen und schliesst das Darmrohr ventralwärts ab.

Die Lichtung des Darmes hat auf Schnitt 6 eine dreizipflige
Gestalt, die jedoch als Folge einer seitlichen Verschiebung
sich kennzeichnet, wie die Betrachtung der äusseren Conturen
des Schnittes ergiebt.

Auf dem folgenden Durchschnitt (7) ist die Darmlichtung
erheblich grösser. Sie hat die Form eines quer gerichteten
Ovals mit einer dorsalwärts aufgesetzten Spitze (entsprechend
dem nach hinten gerichteten Zipfel des vorhergehenden Schnittes).
Da der Schnitt in die Grenze zwischen Ober- und Unterkieferfortsatz fällt, so berührt das Entodermrohr nahezu die seitliche

Körperwand. Ventralwärts ist dasselbe, wie auf dem vorhergehenden Schnitt, durch eine, hier aber beträchtlich dünnere Querleiste abgeschlossen.

Diese abschliessende Platte ist die Rachenhaut, die sich in ihrer mittleren verdünnten und nach dem Lumen des Darms vorgebuchteten Partie zum Durchbruch anschickt, durch welchen die Communication des Vorderdarms mit der bei dem Embryo noch flach angelegten Mundbucht hergestellt wird.

Auf dem folgenden Schnitt (8), sowie auf den Schnitten 9, 10 und 11 ist der Unterkieferfortsatz, der zweite und wahrscheinlich auch der dritte Schlundbogen getroffen. Eine genaue Entscheidung ist leider nicht möglich, da gerade an dieser Stelle der Embryo durch einen Einriss defect war.

Der Unterkieferfortsatz (Schnitt 8), der auf der linken Embryonalseite von dem Riss unberührt ist, zeichnet sich durch seine mächtige Entwickelung aus.

Auf Schnitt 11 findet man noch das für den Kopfdarm charakteristische weite Lumen; auf Schnitt 12 verengert sich das Darmrohr bereits so beträchtlich, dass es Schwierigkeiten verursacht, sein Lumen zu erkennen.

Bis zu Schnitt 14 ist das Darmrohr unmittelbar in die animale Leibeswand eingelassen, von da ab scheidet das Coelom die Faserwand des Darmes von derselben.

Auf den folgenden Schnitten (bis 20) fällt der colossale Unterschied zwischen Lichtung (Entodermrohr) und der mächtig entwickelten Faserwand des Darmes auf.

Diese Mächtigkeit ist so bedeutend, dass sie mich Anfangs irre führte und zu der fälschlichen Annahme verleitete, das Darmrohr sei bereits allseitig von einer Leberanlage umgeben.

Der Mesenterialdarm ist in seinem mittleren Abschnitt noch rinnenförmig und steht mit der (abgerissenen) Nabelblase in weiter Communication. Schnitt 20 giebt über dieses Verhältniss zur Nabelblase Aufschluss. Die ziemlich enge Rinne des

Darmes erweitert sich nach unten, um direkt in die Wandungen der Nabelblase überzugehen. Auch die folgenden Schnitte (21 und 22) lassen die rinnenförmige Beschaffenheit des Darmes erkennen, während sie über sein Verhältniss zur Nabelblase des Defektes wegen keinen Aufschluss geben. Die weitere Fortsetzung des Darmes ist wiederum geschlossen.

Auf Schnitt 24 beginnt der Enddarm. Derselbe besitzt eine halbmondförmige Lichtung von wechselnder Grösse und endet blind am Schwanzende des Embryos.

Von sekundären Anlagen des Darmes sind die Lungen in den Schnitten 12—14, die Leber in Schnitt 18 und 19 enthalten. Die Allantois, welche sich als blasenartiges Gebilde frei von dem Schwanzende abhebt, ist in den Schnitten 22—29 dargestellt. Die Richtung der Schnitte ist eine derartige, dass zunächst nur kleinere Segmente der Allantois getroffen (Schnitt 23, 24, 25), die jedoch in ihrer natürlichen Lage zu dem Querschnitt des Körpers abgebildet sind. Auf Schnitt 25 ist die Allantois mit dem Körper im Zusammenhang. Von dem halbmondförmigen Querschnitt des Enddarmes sieht man ventralwärts ein Stück des Allantoisganges, der nach einer defekten Partie des Schnittes führt. Der folgende Schnitt zeigt dieselben Verhältnisse. Die Allantois ist in breiter Verbindung mit dem Embryonalkörper, der Uebergang ist seitlich etwas eingeschnürt. Der Enddarm ist dicht unter Chorda und Medullarrohr belegen und entsendet auch hier, aus seiner unteren convexen Wand, den Allantoisgang. Auf Schnitt 27 und 28 ist der Gang in grösserer Ausdehnung sichtbar. Nachdem er eine Strecke in der embryonalen Körperwand verlaufen, setzt er sich in die Allantois fort und ist hier bis zur ersten Biegung derselben sehr deutlich zu erkennen. Die Allantois ist, abgesehen vom Allantoisgang, solide. Ueber die Abgangsstelle des Allantoisganges hinaus erscheint der Enddarm noch nicht entwickelt.

## Chorda dorsalis.

Die Chorda erstreckt sich von der unteren Fläche des Hinterhirns auf Schnitt 7 bis zum Schwanzende des Embryos. Auf Schnitt 27 ist dieselbe dicht über dem Querschnitt des Darmes noch deutlich erkennbar. Der Abstand der Chorda von dem Medullarrohr ist ein sehr geringer, Schwankungen in der Breite dieses Abstandes kommen nur in sehr geringfügigem Grade vor. Auch vom Darm ist sie deutlich getrennt. Eine Anschwellung der Chorda am Kopfende ist nicht vorhanden, dieselbe ist im ganzen Verlauf äusserst dünn und zart und fast auf allen Schnitten von einem deutlichen hellen Hof umgeben.

## Gefässsystem.

Ich halte es für zweckmässig, die Betrachtung des Herzens mit einem Rückblick auf die jüngsten bis jetzt bekannt gewordenen Entwickelungsstufen dieses Organs zu beginnen.

In der Geschichte des Herzens, die His[1]) in seinem Embryonenwerke giebt, werden als Repräsentanten der jüngsten Stufe der Herzbildung die Embryonen von Allen Thomson und His SR und E aufgeführt. Leider sind wir aber bei diesen lediglich auf die äussere Besichtigung angewiesen, da von keinem derselben Durchschnitte mitgetheilt sind.

Was zunächst die Embryonen von A. Thomson[2]) anlangt, so ist das Herz überhaupt nur mit wenigen Worten erwähnt und diese sind noch, wie ich an anderer Stelle nach-

---

[1]) His, a. a. O. III. Seite 129.

[2]) Allen Thomson. Contributions to the History of the Structure of the human ovum and Embryo before the third week after conception, with a description of some early ova; The Edinburgh Medical and Surgical Journal. Edinburgh 1839. 52. Band. Seite 119.

weisen werde, mit Vorsicht aufzunehmen, da wahrscheinlich
eine Verwechselung des Kopf- und Schwanzendes vorliegt.

Für die Feststellung der Form des Organs in einer so
frühen Entwickelungsperiode sind daher diese Angaben nicht
zu verwerthen. Aehnlich verhält es sich, wie His selbst hervorhebt, mit den Embryonen SR [1]) und E [2]).

Bei Embryo SR ist das Herz, welches „steil vom oberen
Nabelrand aus zum Hinterkopf, diesem sich breit anfügend“,
tritt, noch ungeschlossen als doppelseitige Halbrinne angelegt.
Dies ergiebt sich, wie His berichtet, aus den Schnitten, die
aber, da leider die Mikrotomirung missglückt ist, nicht mitgetheilt werden.

Noch spärlicher sind die Angaben bei Embryo E, dem
jüngsten der His'schen Embryonen.[3])

Von dem Herzen dieses Embryos sagt His: „Das Einzige,
was auf dieses Organ scheint bezogen werden zu müssen, ist
ein unter dem Seitentheil der Kopfanlage gelegener Längs-
wulst“, der, wie der Autor meint, wohl als die parietale Muskel-
falte Hensen's aufgefasst werden muss, die bei den Säugethieren die Herzbildung einleitet.

Die nächstfolgenden Stufen werden durch die His'schen
Embryonen L$_1$, Lg [4]), Sch, [5]) repräsentirt. Von diesen scheidet
Embryo L$_1$ aus, da derselbe bereits präparirt in die Hände von
His kam und vom Herzen nur noch ein Stück Bulbus vor-
handen war. Bemerkenswerth bei L$_1$ ist nur, dass die absteigende
Aorta weiter abwärts als solider Strang angelegt war.

Bei den folgenden Embryonen ist das Herz ein stark gekrümmter Schlauch, der in seinem Mitteltheil kein Gekröse

[1]) His, a. a. O. I. Seite 140.
[2]) His, a. a. O. I. Seite 145.
[3]) Von dem in Heft II Seite 32 erwähnten Gebilde Bff abgesehen.
[4]) His, a. a. O. II. Seite 88 und III. Seite 234.
[5]) His, a. a. O. II. Seite 89 und III. Seite 228.

mehr besitzt, und dessen Vorhofs- und Bulbustheil am Vorderdarm haften. Der Herzschlauch stellt in der Profilansicht eine
ringförmige Schleife mit gekreuzt über einander greifenden
Schenkeln dar. Bei dem jüngsten dieser Stufe angehörigen
Embryo Lg ist auch der Canalis auricularis und das Fretum
Halleri schon deutlich vorhanden. Auf der Frontalansicht erstreckt sich der Vorhofstheil aufsteigend nach vorn und links
und biegt alsdann in den Ventrikeltheil um, der in querer
Richtung von links oben nach rechts unten verläuft, um hier nach
abermaliger Umbiegung zuerst in der Richtung nach rückwärts
und dann aufsteigend in den nach vorn gelegenen Bulbustheil
überzugehen.

Sieht man von der zuerst erwähnten jüngsten Gruppe,
von der keine Durchschnitte vorhanden, und von welcher
nur einige aphoristische Bemerkungen über die Herzbildung
vorliegen, ab, so stellt die jüngste genauer bekannte Entwickelungsstufe bereits ein verhältnissmässig complicirtes Organ dar,
dessen Endothelschlauch schon die charakteristischen Kaliberunterschiede der einzelnen Abtheilungen des Herzens aufweist.

Nachdem wir in Vorstehendem eine Uebersicht über die
Herzbildung jüngster Embryonen erlangt haben, treten wir in
die Betrachtung des Herzens unseres Embryos ein, um alsdann
festzustellen, wie sich die ermittelte Entwickelungsstufe zu derjenigen bereits bekannter Embryonen verhält.

Schon bei der Beschreibung der äusseren Körperform des
Embryos ist die Lage und mächtige Entwickelung des Herzens
sowie die Beziehungen desselben zu anderen Körpertheilen hervorgehoben worden. Diese mächtige und gleichzeitig etwas
plumpe Anlage ist für jüngste Embryonen charakteristisch.[1]

Die hohe Lage, die His nach seinen Erfahrungen betont,
scheint sich jedoch, so weit die hintere Gegend des Herzens in

---

[1] Vergl. His, a. a. O. III. Seite 129.

Betracht kommt, erst auszubilden, sobald der Herzschlauch die Form einer Schleife annimmt. Hier haben wir es aber noch mit der vollkommen gestreckten Form des Herzens zu thun, es ist daher wohl erklärlich, dass das venöse Ende des Herzens weiter distalwärts reicht als später.

Dass auf den Durchschnitten nur ein relativ kleines Stück in den Bereich des Hinterkopfes fällt, ist zum Theil in der schiefen Schnittrichtung begründet.

Der Herzschlauch ist umgeben von der Parietal- oder Herzhöhle und dorsalwärts begrenzt von dem primären Zwerchfell oder Septum transversum. Die ihn umschliessende Parietalhöhle ist ventralwärts noch nicht geschlossen.

Ich wende mich nun sogleich zur Beschreibung der Schnitte. Das Herz erstreckt sich von Schnitt 12 bis Schnitt 19. Die obere Grenze ist des mehrfach erwähnten Defektes wegen nicht mit voller Sicherheit festzustellen, die untere Grenze reicht bis zum Wurzelstück der Nabelblase.

Der Herzschlauch lässt fast gar keine seitliche Ausbiegung erkennen; er verläuft vielmehr gestreckt von hinten nach vorn. Von Schnitt 19 ab verbreitert sich der aufsteigende Schlauch allmählich, bis er auf Schnitt 16 seine grösste Breite erlangt hat und die Parietalhöhle fast vollkommen ausfüllt. Von hier tritt wieder Verschmälerung ein, die auf Schnitt 14 am ausgesprochensten ist. Gleichzeitig rückt der Herzschlauch mehr an die linke Seite der Parietalhöhle; auf Schnitt 12 liegt er dieser Wand fest an.

Hinsichtlich der Beziehung des Herzens zum Septum transversum ergiebt sich das interessante Faktum, dass der Herzschlauch in seiner ganzen Ausdehnung mit letzterem in Verbindung steht; nur das Aortenende zeigt diesen Zusammenhang nicht. Da sich aber in vorgerückteren Stadien bekanntlich gerade hier und am venösen Ende die Verbindung erhält, während sie sich in der Mitte (Ventrikelabschnitt) löst, so nehme ich keinen Anstand, die Isolirung des Aortenendes für eine künstliche und zwar für eine Folge der Schnitteinwirkung zu halten.[1]) Das Herz besitzt mithin in seiner ganzen Länge ein oberes Herzgekröse.

Bei der jüngsten Stufe, von der Durchschnitte vorliegen, dem Embryo Lg ist ein deutliches Endothelrohr vorhanden, das bereits die für die einzelnen Herzabtheilungen charakteristischen Kaliberunterschiede aufweist. Bei unserem Embryo war trotz eingehender Durchforschung ein solches nicht nachweisbar. Würden wir die uns geläufigen Bildungsgesetze des Herzens beim Hühnchen und Kaninchen auf den Menschen übertragen, so müsste ein solches bei unserem Embryo vorhanden sein. Ich gebe daher die Möglichkeit zu, dass dasselbe da war, aber durch hier nicht näher zu untersuchende Einflüsse verwischt worden ist. Andererseits möchte ich darauf hinweisen, das bei dem (nach längerem Aufenthalt in Alkohol) 2,4 mm. messenden Embryo $L_1$ von His, der bereits zwei deutliche Schlundspalten, offene Gehörgruben und durch tiefe Furchen vom Hirnrohr geschiedene Augenblasen besass, die Aorta theilweise als solider Strang angelegt war.

Was nun die Stellung anbetrifft, die das Herz unseres Embryos in der Reihe der bis jetzt bekannt gewordenen jüngsten Entwickelungsstufen einnimmt, so geht aus dem Mitgetheilten zweifellos hervor, dass es unter den Embryonen Lg und Sch$_1$ und über den Embryonen SR, E und A. Th. rangirt. Da, wie hervorgehoben, die Herzen der Embryonen SR, E und A. Th. nur aus der äusseren Besichtigung bekannt sind, so würde das Herz unseres Embryos das jüngste der bis jetzt genauer bekannt gewordenen sein.

---

[1]) Nach His „Unsere Körperform" S. 71 fehlt beim Hühnchen das Gekröse im Bulbustheil und entwickelt sich erst später.

## Das Coelom.

Wir unterscheiden die beiden Rumpfhöhlen (Pleuroperitoneal-
höhle) und die Herz- oder Parietalhöhle (His). Letztere reicht
höher hinauf als die ersteren. Die Parietalhöhle beginnt auf
Schnitt 12 unterhalb des letzten Visceralbogens und erstreckt
sich bis Schnitt 19, woselbst sie dicht oberhalb des Ansatzes
der Nabelblase endigt.

Bei der beschriebenen einfachen Form des Herzens
(schwach S förmig gekrümmter Schlauch) zeichnet sich die
Parietalhöhle durch Geräumigkeit aus, die namentlich am
venösen und arteriellen Ende des Herzens zu Tage tritt. In
den mittleren Partieen, dem Ventrikeltheil des Herzens, wird
die Parietalhöhle von dem breiter werdenden Herzschlauch
vollständig ausgefüllt, nur rechts und links bleibt eine schmale
Spalte (Schnitt 16—18).

Die Parietalhöhle ist noch nicht vollständig geschlossen.
Von Schnitt 16 an fehlt die ventrale Leibeswand, da, wie bei
der Beschreibung des Herzens hervorgehoben, ein Theil des
Organs noch unbedeckt in der Nabelspalte liegt.

Die dorsale Begrenzung der Parietalhöhle bildet das primäre Zwerchfell oder Septum transversum (His), mit dem der
Herzschlauch, wie hervorgehoben, fast in seiner ganzen Ausdehnung zusammenhängt. Die seitliche Begrenzung wird im
Allgemeinen von der Leibeswand gebildet, nur bei Schnitt 16
und 17 ist in dieser Beziehung ein etwas abweichendes Verhalten zu konstatiren, auf das ich zurückkommen werde.

Weniger weit nach vorn als die Parietalhöhle reicht die
Rumpfhöhle. Auf Schnitt 14 wird vorerst nur die linke Ab-
theilung derselben sichtbar, auf dem folgenden (15) sind
beide vorhanden. Anfangs schmal, erweitern sich dieselben
(Schnitt 16) zu zwei ansehnlichen Spalten, die in sagittaler
Richtung verlaufen und nach aussen das mächtige Darmrohr,

nach innen die Leibeswand begrenzen. Auf die in sagittaler Richtung verlaufenden Längsspalten ist jederseits ein kurzer, quer verlaufender Schenkel aufgesetzt (Schnitt 15 und 16 besonders deutlich). Zwischen diesen quer verlaufenden Schenkeln liegt das kurze und sehr breite Mesenterium des Darms.

Ventralwärts wird die Rumpfhöhle von dem Septum transversum begrenzt, doch erstreckt sie sich (Schnitt 16 und 17), wie besonders auf der rechten Embryonalseite sichtbar, etwas über den Ansatz des Septum transversum hinaus, so dass hier das Herz eine kurze Strecke von beiden Höhlensystemen begrenzt wird (Schnitt 16). Dies wird dadurch ermöglicht, dass das Septum transversum, welches sich in frontaler Richtung von der linken Seite des Rumpfes nach der rechten erstreckt, mit der Leibeswand nicht sofort in Verbindung tritt, sondern als dünne Platte, die auf dem Querschnitt die Form einer Zunge hat, ventralwärts umbiegt. [1]

Das Septum transversum hat somit die Gestalt einer dorsalwärts convexen Platte, die auf der einen (dorsalen) Seite die Rumpfhöhle, auf der anderen (ventralen) die Parietalhöhle begrenzt. Auf diese Weise wird es verständlich, wie die Rumpfhöhle auf kurze Strecke die Parietalhöhle einschliessen kann. Ob dieses Verhalten, welches auf Durchschnitten der älteren His'schen Embryonen nicht wiederkehrt, normal ist, lässt sich für jetzt nicht feststellen. Da es allein auf der rechten Seite des embryonalen Körpers vorhanden ist, so ist die Möglichkeit zuzugeben, dass es sich nur um eine künstliche Loslösung und Verlagerung der Insertion des Septum transversum handelt. Andererseits kann das abweichende Verhalten der linken Rumpfhöhle in der weniger günstigen Schnittrichtung begründet sein;

----

[1] Auf Schnitt 17 ist an der rechten Embryonalseite die Zunge an der Wurzel abgebrochen. Hierdurch wird ein scheinbares Zusammenfliessen von Rumpf- und Parietalhöhle veranlasst.

auch die etwas weitere Beschaffenheit der rechten dürfte hierin
ihre Erklärung finden.

Hinter dem venösen Ende des Herzschlauches sind die
Rumpfhöhlen am geräumigsten. Sie stellen hier (Schnitt 20)
zwei sehr weite Säcke dar, welche ventralwärts offen den rinnenförmigen Darm (Uebergang des Darmes in die Nabelblase)
seitlich begrenzen. In Folge seitlicher Verschiebung des Präparates öffnet sich die Darmrinne nicht direkt ventralwärts,
sondern etwas nach links; dementsprechend reicht die rechte
Rumpfhöhle etwas tiefer herab als die linke.

Die folgenden Schnitte entsprechen der defekten Partie
des Embryos und sind also für die Feststellung des Verhaltens
der Rumpfhöhle nicht zu verwerthen. Auf Schnitt 25 kehrt
dagegen links (der Defekt befindet sich rechts) die Rumpfhöhle
wieder, um auf Schnitt 26 noch deutlicher zu werden. Hier
begrenzt sie nicht nur den Enddarm, sondern auch den Allantoisgang und setzt sich, wie Schnitt 27 erkennen lässt, auch
auf die Allantois, mithin auf das ausserembryonale Gebiet, fort.

Auch Schnitt 26 bestätigt dies Verhalten; hier ist das
Coelom auf dem Durchschnitt der Allantois ebenfalls nachweisbar.

Eine convexe Vorbuchtung in die dorsalwärts gelegenen
blinden Enden der Rumpfhöhlen (Urnierenleiste) ist noch nicht
vorhanden, die Begrenzungslinie ist hier im Gegentheil concav.
Nur Schnitt 17 zeigt ein entgegengesetztes Verhalten. Da dasselbe aber weder auf dem vorhergehenden, noch auf dem
nachfolgenden sich wieder findet, so erscheint es mir fraglich,
ob man von dem Vorhandensein einer Urnierenleiste sprechen darf.

## Septum transversum.

Das Septum transversum, von dem bei Erörterung des Coeloms sowie bei der Beschreibung des Herzens schon vielfach die Rede war, stimmt mit der Beschreibung überein, welche His von demselben entwirft. Es erstreckt sich als quergerichtete, an die seitliche Leibeswand sich inscrirende Substanzplatte von Schnitt 12 (Beginn der Parietalhöhle) bis zum Uebergang der Nabelblase in den Darm (Wurzelstück der Nabelblase, His), bildet während dieses ganzen Verlaufes die Grenze zwischen der Parietal- und den beiden Rumpfhöhlen und hängt dorsalwärts mit dem Darm, ventralwärts mit dem Herzen zusammen.

Von den in das Septum transversum eintretenden und von hier zum Herzen verlaufenden Venenstämmen sind, wie überhaupt von den peripheren Gefässanlagen (siehe Schnitt 16), nur Andeutungen vorhanden; ebenso verhält es sich mit der Anlage der Leber, die nach His innerhalb des Septum transversum entsteht und, wie oben angegeben, in Schnitt 18 (vergl. auch 16) zu suchen ist.

Schliesslich möchte ich noch einmal besonders hervorheben, dass alle Organe, die in späteren Entwickelungsstufen ein deutliches Lumen erkennen lassen, solide angelegt zu sein scheinen. So das Medullarrohr, dessen homogene Beschaffenheit nirgends von einer Lichtung unterbrochen war. Nur auf einem in die Lendenregion fallenden Schnitt wurde, wie bemerkt, ein Lumen in der Form, wie sie die jüngsten His'schen Embryonen zeigen, bei gewissen Einstellungen des Mikroskops wahrgenommen. Da diese Erscheinung jedoch vereinzelt war, so habe ich dieselbe in die Zeichnung nicht aufgenommen. Aehnlich liegen die Verhältnisse beim Herzen: hier war trotz ge-

nauester Durchforschung kein Endothelrohr zu entdecken. Auch
an dem Darm liess sich an manchen Schnitten schwer ein
Lumen erkennen.

Haben wir hier eine Eigenthümlichkeit jüngster menschlicher Embryonen vor uns oder handelt es sich nur um post-
mortale Veränderungen?

Die Entscheidung dieser Frage ist nicht ganz leicht.

Da wir es mit dem jüngsten in Schnitte zerlegten Embryo
zu thun haben, so ist der Vergleich mit anderen von gleicher
Entwickelungsstufe ausgeschlossen. Andererseits erinnere ich
an eine Bemerkung von His,[1]) nach welcher bei frühzeitig
intrauterinal abgestorbenen Embryonen sich die Körperhöhlen
zurückbilden können.

Man könnte auch daran denken, dass nach dem Absterben
eine Ausfüllung der Lichtung mit coagulirter Lymphe stattgefunden; allein in diesem Falle müsste auf dem Querschnitt der Ausguss von der umgebenden soliden Wandung
mikroskopisch sich unterscheiden lassen. Dies ist beim Coelom
in der That der Fall. Hier ist ebenfalls kein wirklicher Hohl-
raum vorhanden; derselbe ist vielmehr ausgefüllt mit einer ho-
mogenen Masse, die sich durch ihre strukturlose Beschaffenheit
von dem körnigen Gefüge des umgebenden Embryonalgewebes
unterscheidet, unbeschadet einiger aus der embryonalen Leibes-
oder Darmwand herrührender Zellen, die durch den Schnitt
aus ihrem Verbande gelöst, in das Coelom gerathen sind.

Die Vermuthung, dass die Füllsubstanz des Coeloms coa-
gulirte Lymphe ist, erhält eine weitere Stütze durch die schönen
Untersuchungen des leider so früh verstorbenen A. Budge[2]),

---

[1]) His, Zur Kritik jüngerer menschlicher Embryonen. Archiv für Anatomie
und Physiologie, Anatomische Abtheilung. Jahrgang 1880. Seite 418.

[2]) Albrecht Budge, Untersuchungen über die Entwickelung des Lymph-
systems beim Hühnerembryo. Archiv für Anatomie und Physiologie. Anatomische
Abtheilung, Jahrgang 1887.

die kürzlich von His aus den hinterlassenen Papieren desselben zusammengestellt worden sind.

A. Budge beschreibt beim Hühnchen zwei Lymphkreisläufe, von denen der erste dem Dotter, der zweite dem Allantois-Blutkreislauf entspricht. Der erstere bildet ein in sich abgeschlossenes, nirgends mit den Blutgefässen communicirendes System von Lymphgefässen, in welches sowohl die Parietalals auch die Rumpfhöhlen eingeschlossen sind. Letztere sind mithin in einer sehr frühen Entwickelungsperiode, wo die Blutgefässe noch nicht in die Embryonalanlage eingedrungen sind oder dieses Eindringen sich eben vollzieht, mit Lymphe gefüllt, die beim Absterben des Embryos coagulirend das Coelom ausfüllen muss.

# Ist der Embryo normal?

Schon den älteren Beobachtern war es bekannt, dass eine unverhältnissmässig grosse Anzahl jüngster menschlicher Eier missbildet ist. Pockels[1]) giebt an, unter 50 Eiern aus den ersten 6 Wochen nur 4 völlig normale gefunden zu haben, und Velpeau[2]) liefert bereits eine Zusammenstellung missbildeter Eier nach eigenen und fremden Beobachtungen.

Auch die nach dem Absterben des Embryos eintretenden Veränderungen waren bekannt. So ist das Fortwuchern der peripheren Eitheile schon von Meckel bemerkt und richtig gedeutet worden.

Da die Ansichten über das, was normal zu nennen ist, bei den älteren Beobachtern jedoch weit aus einander gehen, so kann man von diesen Angaben vollkommen absehen und His, der in seinem Embryonenwerke dieser Frage einen besonderen Abschnitt widmet, das grosse Verdienst vindiciren, zum ersten Male exakte Angaben über die Häufigkeit missbildeter Eier gemacht zu haben. Er giebt seine Wahrnehmungen in Form einer tabellarischen Uebersicht.

Die His'sche Tabelle[3]) weist im Ganzen 22 oder, nach zwei von ihm selbst ausgeschiedenen Fällen, 20 Missbildungen

[1]) Pockels, Neue Beiträge zur Entwickelungsgeschichte des menschlichen Embryo in den ersten 3 Wochen nach der Empfängniss (3 Tafeln). Isis 1825 II. Band. Seite 1342.

[2]) Velpeau, Embryologie ou Ovologie humaine, contenant l'histoire descriptive et iconographique de l'oeuf humain. Paris 1833.

[3]) His, a. a. O. II. Seite 13.

neben 62 für normal erklärten Embryonen auf. Der Autor hebt mit Recht den grossen Procentsatz von Missbildungen hervor, der nach seiner Schätzung ein noch viel höherer ist, als sich aus vorstehenden Zahlen ergiebt.

Abgesehen von dem grossen Werth, welchen diese statistischen Angaben für die Lehre von den Missbildungen überhaupt besitzen, hat His mit dieser Feststellung auch die zukünftige Embryoforschung vor mancher Fehlerquelle bewahrt. Jeder, der die Beschreibung jüngster menschlicher Embryonen unternimmt, wird den Nachweis zu erbringen haben, dass das von ihm zu schildernde Ei auch wirklich als normal betrachtet werden kann. Es sei daher zunächst auch meine Aufgabe, diesen Punkt näher zu erörtern.

Von den in der His'schen Tabelle aufgeführten Missbildungen betreffen vier Embryonen unter 4 mm., die übrigen solche von 4—40 mm. Länge. Bei 2 Embryonen (von 1,2 und 1,5 mm. Länge) wurden knötchenförmige Missbildungen, bei den beiden anderen (2,3 und 3,2 mm. Länge) atrophische im Winkel geknickte oder zusammengekrümmte Formen beobachtet. Verbildungen des Kopfes, Cylinderform und andere abnorme Formen kamen nur bei Embryonen über 4,6 mm. Länge vor.

Wenn wir nun auch keineswegs aus diesen Angaben bereits Gesetze ableiten können, so erscheint es doch immerhin bemerkenswerth, dass His vor Eintritt der Nackenbeuge (unter 4,0 mm.) nur Knötchen- und atrophische Bildungen beobachtet hat, Formen, die bei unserem Embryo mit Sicherheit ausgeschlossen werden können.

Bei der Beurtheilung eines Eies legt His grosses Gewicht auf das Verhältniss zwischen Embryo und den peripheren Eitheilen. Es ist ja jedem Praktiker bekannt, wie ausserordentlich häufig nach dem Absterben der Frucht die Eitheile weiter wuchern, wie häufig man, mit anderen Worten, in einem grossen Ei einen relativ kleinen Embryo trifft. Wenn nun auch bei

nicht entwickelungsfähigen Missbildungen sehr häufig ein solches Missverhältniss angetroffen wird, so kann doch andererseits keineswegs die umgekehrte Schlussfolgerung als berechtigt
anerkannt werden. Ein solches Missverhältniss bedeutet in vielen
Fällen doch nur, dass der Embryo nach erfolgtem Absterben im
Uterus zurückgehalten wurde und zwar mindestens so lange, als
die Veränderung der Eihäute Zeit zu ihrer Ausbildung erforderte.
Ob dieser verlängerte Aufenthalt im Uterus den Embryo für
eine wissenschaftliche Bearbeitung unbrauchbar gemacht, ob
Maceration eingetreten, oder einzelne Theile gar aus ihrem Zusammenhang gelöst sind, kann doch nur durch die Untersuchung
des Embryos selbst festgestellt werden. Für eine vorhandene
Verbildung beweist aber dieser verlängerte Aufenthalt nichts.

Man ist nicht selten erstaunt, wie vortrefflich in einzelnen
Fällen solche Embryonen erhalten sind, was als Beweis dafür
anzusehen ist, dass die natürliche Conservirungsflüssigkeit häufig
mehr leistet als unsere künstliche, vorausgesetzt, dass die Eihäute mit dem Uterus noch in gewisser Verbindung stehen,
die peripheren Eitheile mithin weiter ernährt werden.

Eine Classification der Ursachen in solche, die Absterben
und sofortiges Ausstossen, und in solche, die nur Absterben
des Embryos ohne gleichzeitige Elimination bewirken, vorzunehmen und letztere mit vorhandenen Missbildungen des Embryos in Beziehung zu bringen, wäre doch in der That sehr
gesucht. Es heisst daher entschieden zu weit gehen, wenn
man alle Ovula, die ein solches Missverhältniss aufweisen, von
vornherein als anrüchig betrachten und ihnen Beweiskraft absprechen wollte. Gegen dieses Bestreben hat sich schon Baer
in seinen „Studien" ausgesprochen, als er zwei fast ganz gleiche
Embryonen in normalen und abnorm veränderten Eihäuten
beschrieb.

Wollte man wirklich diesen Maassstab anlegen, so würde,
wie sich aus der unten erfolgenden Würdigung der in Betracht

kommenden Embryonen ergiebt, noch mancher der gut accreditirten Embryonen zu denjenigen zu rechnen sein, die nur „mit Vorsicht" benutzt werden dürfen.

Ich plaidire ja keineswegs für Abschaffung der gewissenhaftesten Legitimationsprüfung jedes neu hinzugekommenen Stückes; es kann aber unmöglich der Erkenntniss der Entwickelungsvorgänge jüngster menschlicher Embryonen förderlich sein, wenn man auch in der Zukunft an dem Grundsatze festhalten wollte, jeden frisch hinzugekommenen Embryo lediglich desshalb für verdächtig und nicht beweiskräftig zu erklären, weil sein Chorion im Missverhältniss zu seiner Länge steht. Ich werde den Nachweis führen, dass der Satz in dieser Allgemeinheit jedenfalls nicht richtig ist, dass dieselben Veränderungen an den Eihäuten, je nachdem eine Gefässverbindung zwischen Embryo und Chorion besteht oder nicht, ganz verschieden beurtheilt werden müssen.

Neben dem Erhaltungszustand legt His besonderen Werth auf die Uebereinstimmung der Embryonen unter einander. Dies ist unzweifelhaft richtig, so weit es sich um spätere Entwickelungsperioden handelt, für welche eine grössere Zahl unantastbarer Beweisstücke vorliegt. Es fragt sich aber, ob wir berechtigt sind, die ausserordentlich kleine Zahl von Beobachtungen aus der ersten Zeit als abgeschlossene, typische Bilder hinzustellen und somit alles, was nicht mit ihnen übereinstimmt, lediglich aus diesem Grunde bei Seite zu schieben. Meiner Meinung nach heisst es die Bedeutung dieser Beobachtungen überschätzen, wenn diese Nichtübereinstimmung an sich schon genügen soll, über sonst einwandfreie Stücke den Stab zu brechen.

Andererseits wird es meine Aufgabe sein, an der Hand der einschlägigen Literatur zu zeigen, dass bereits eine Anzahl mehr oder weniger guter Beobachtungen existiren, die eine auffallende Uebereinstimmung mit vorliegendem Embryo zeigen:

Diese Beobachtungen bei einem Vergleiche unberücksichtigt zu lassen, halte ich mich aber **nicht für berechtigt.**

Für die Grössenverhältnisse **des Chorions** hat His folgende Normen aufgestellt.

Embryo zwischen:

2— 4 mm. Chorion unter $1^1/_2$ cm.,

4—10  „      „     zwischen $1^1/_2$—3 cm.,

10—15 „      „          „     $2^1/_2$—4 cm.

Wenn nun auch His diese Werthe nur als approximativ bezeichnet, so sollen grössere Abweichungen doch genügen, um bei sonst einwandfreiem Embryo grössere Vorsicht und besondere Kritik zu üben, bevor derselbe zur wissenschaftlichen Discussion zugelassen wird. Allein es ist zunächst darauf aufmerksam zu machen, dass von His selbst eine Reihe von Schwierigkeiten hervorgehoben worden sind, die einerseits der Aufstellung einer solchen Tabelle und andererseits der Ausmessung des Chorions entgegenstehen.

Von 10 Embryonen vor Eintritt der Nackenbeuge, die His untersucht hat, ist für 7 die Ausdehnung des Chorions ermittelt. Diese 7 Embryonen zeigen aber keineswegs sämmtlich Uebereinstimmung in dem Verhalten der Eihäute. So finde ich bei Embryo LXVIII (Lg)[1], der eine Länge von 2,15 mm. besitzt, die Grösse des Chorions mit 1,5 : 1,25 cm. (in frischem Zustande gemessen 1,7 : 1,1 cm.) notirt, während bei Embryo IV (M)[2] mit einer Länge von 2,6 mm. das Chorion nur 0,8 : 0,75 cm. beträgt.

Noch auffallender ist das Verhältniss bei Ovulum LXVI (Sch.)[3], das aus der Leiche einer plötzlich verstorbenen Frau stammt und somit unter den bestbeglaubigten Stücken von

---

[1] His. a. a. O. II. Seite 7.

[2] Ebenda.

[3] Ebenda und II Seite 89.

His eine erste Stelle einnimmt. Bei 2,2 mm. langem Embryo (mit Bauchstiel) maass das Chorion nach zweitägiger Aufbewahrung in Brunnenwasser 3 : 4 cm. und nach 1½ jährigem Aufenthalt in Spiritus 1,7 cm.

Die Art der Messung anlangend muss vor Allem berücksichtigt werden, dass das Resultat ein verschiedenes sein wird, je nachdem man das Chorion mit Zotten misst oder nur, wie His für die Zukunft vorschlägt, die eigentliche Kapsel.[1])

Auch der Collaps des Eies bereitet bei der Messung Schwierigkeiten. In vorliegendem Falle wurde die Messung erst nach Eröffnung des Eies und nach Herausnahme des Embryos vorgenommen. Dass aber ein eröffnetes, auf die Unterlage sich platt auflegendes Ei, das überdies noch mit Blut überzogen ist, andere Maasse ergeben muss, als ihm in Wirklichkeit zukommen, liegt auf der Hand. Es hat daher gewiss etwas missliches, für die Ausdehnung des Chorions genau begrenzte Werthe aufzustellen und denselben principielle Bedeutung beizumessen. Hierzu kommt, dass, wie hervorgehoben, die Bedeutung des Missverhältnisses zwischen Chorion und Embryo eine wesentlich verschiedene ist, je nachdem eine Gefässverbindung zwischen dieser Eihaut und dem Embryo besteht oder nicht. Folgende Erwägungen werden die Richtigkeit dieses Satzes darthun.

Man theilt die Ursachen der Unterbrechung der Schwangerschaft in der Regel ein in solche, die in dem Ei und solche, die in der Mutter liegen. Praktischer werden die erstgenannten getrennt, je nachdem sie den Embryo oder die peripheren Eitheile betreffen.

Nun hat man sich daran gewöhnt, die Veränderungen des Embryos und der Eihäute in ein solches Abhängigkeitsverhältniss von einander zu bringen, dass man ohne Weiteres bei Ab-

---

[1]) His. a. a. O. Seite 6.

weichungen des einen auf ein anormales Verhalten des anderen
Theiles schliesst. Dies ist auch bei vorhandener Blutgefässverbindung zwischen Embryo und Chorion unzweifelhaft richtig.
Jede Schädlichkeit, die den Embryo trifft, wird, wenn sie überhaupt Einfluss auf die Blutbewegung des Embryos gewinnt, Veränderungen in dem Chorion bewirken, die schliesslich zur Ausstossung des Ovulum führen können. Umgekehrt wird sich der
gleiche Einfluss geltend machen; Veränderungen, die primär
die Eihäute befallen, müssen schliesslich zu Ernährungsstörungen
des Embryos führen, die ebenfalls sein Absterben im Gefolge
haben, natürlich vorausgesetzt, dass diese Veränderungen eine
gewisse Intensität besitzen.

Allein diese Gesichtspunkte dürfen schwerlich ohne Weiteres auf den vorliegenden Embryo übertragen werden, da ja
sein Hautstiel, der die Brücke zum Chorion bildete, keine
Blutgefässe enthielt, mithin ein gewisses Unabhängigkeitsver-
hältniss zwischen ihm und den peripheren Eihäuten bestand.

Lässt man die Möglichkeit des Bestehens einer durch die
Untersuchung nicht nachweisbaren Lymphgefässverbindung
zwischen Embryo und äusserer Eihaut ausser Betracht, so ist
man zu der Annahme gezwungen, dass der vorliegende Embryo
das zu seinem Aufbau nöthige Material bis dahin aus den Vorräthen der Nabelblase bezogen habe, sein Zusammenhang mit
dem Chorion muss demnach ein sehr loser gewesen sein. Es
ist daher klar, dass Veränderungen seinerseits nicht leicht zur
Ausstossung des Eies führen konnten; ebenso ist ersichtlich, dass
Veränderungen der peripheren Eitheile in diesem Entwickelungsstadium nur geringen oder gar keinen Einfluss auf den
Embryo auszuüben im Stande waren. Es folgt daraus weiter, dass
der Embryo bei Blutungen in die peripheren Eitheile wenig
berührt wurde und sich frisch bis zur erfolgten Ausstossung erhalten konnte.

So einleuchtend diese Deduktionen auch jedem Unbefan-

genen sein werden, so erscheint es doch nöthig, einen Einwurf
zu berücksichtigen, der gemacht werden kann, wenn man daran festhält, dass die Blutgefässe vom Embryo aus in das Chorion hineinwuchern. Es könnte nämlich die Unmöglichkeit
einer direkten Einwirkung des Embryos auf das Chorion in
diesem Entwickelungsstadium zugegeben, dagegen eine indi-
rekte statuirt werden, und zwar dadurch, dass man die ganzen
Veränderungen dieser Eihaut auf die nicht erfolgte Vascularisation derselben zurückführte.

In diesem Falle würden Embryo und Chorion ihre Ausbildung zunächst unabhängig von einander erfahren haben; der
Embryo stirbt hierauf ab, das Chorion entwickelt sich vorerst
weiter und bereitet sich zum Empfange der Gefässe vor. Diese
bleiben aus, und jetzt erst beginnt das Chorion aus den Bahnen
der normalen Entwickelung herauszutreten, degenerirt, wuchert
weiter und wird schliesslich durch wiederholte Apoplexien
soweit präparirt, dass die Ausstossung, d. h. der Abort endlich
vor sich gehen kann.

Diese Vorstellung hätte entschieden etwas Gezwungenes.
Zunächst müsste eine gewisse Zeit vergangen sein, bis das
Chorion überhaupt erst den Anstoss zur Degeneration erhält,
da im Moment des Absterbens die peripheren Gefässe im Kör-
per des Embryos noch gar nicht entwickelt waren; es könnte
also der Tod des Embryos und Beginn der Degeneration des
Chorions zeitlich keineswegs zusammengefallen sein. Erst nach
Ablauf der zur Herstellung der Gefässverbindung mit dem
Chorion nothwendig gewesenen Zeit könnte das Chorion den
Impuls zur anormalen Entwickelung erhalten haben. Von dem
Impuls bis zum beschriebenen Degenerationsgrad ist aber der
Weg ein weiter, der verhältnissmässig lange Zeit beansprucht,
um zurückgelegt zu werden. Nun wird von allen Beobachtern
bestätigt, dass Embryonen nur dann der fauligen Zersetzung
und dem Macerationsverfall widerstehen, wenn das Chorion

— sei es auch nur theilweise — mit der Uteruswand in Verbindung bleibt. Diese Verbindung war aber in vorliegendem Fall, wie aus der Beschaffenheit des Chorions hervorgeht, längst nicht mehr vorhanden, wir hätten daher nach alledem einen viel weniger gut erhaltenen Embryo antreffen müssen.

Sehr viel einfacher und ungezwungener erklären sich die Verhältnisse, wenn man annimmt, dass die Veränderungen im Chorion primär aufgetreten sind. Dieselben konnten sich bis zu einem weit vorgeschrittenen Grade der Degeneration gestalten ohne Einfluss auf den Embryo auszuüben, da, wie wiederholt hervorgehoben, eine Blutgefässverbindung zwischen beiden nicht bestand.

Die Zeit, die zwischen dem Absterben des Embryos und der Ausstossung des Ovulum verflossen ist, lässt sich natürlich nicht bestimmen, doch sind wir keineswegs gezwungen, einen längeren Zwischenraum anzunehmen; möglicher Weise liegen die beiden Termine recht nahe zusammen. Jedenfalls steht fest, dass die Beschaffenheit der Eihäute in vorliegendem Falle keinen Schluss nach dieser Richtung gestattet.

Für die Annahme einer primären Degeneration des Chorions sprechen auch die anamnestischen Daten. Die Frau, die 7 gesunde Kinder besass und nachweislich niemals abortirt hatte, war noch wenige Monate vorher von einem gesunden Kinde entbunden worden, das sie nicht selbst säugte. Obwohl die im November ausbleibende Regel ihr die Möglichkeit einer Schwangerschaft hätte nahe legen können, musste sie sich, wie angegeben, gerade in dieser Zeit ganz ungewöhnlichen Anstrengungen aussetzen. Was liegt demnach näher als die Annahme, dass sehr frühzeitig eine Reihe von Schädlichkeiten auf das Chorion eingewirkt haben, die seine normale Entwickelung beeinträchtigten?

Wenn ich nun in Vorstehendem darthun konnte, dass die Beschaffenheit des Chorions in meinem Falle nicht gegen die normale Natur des Embryos verwerthet werden kann, so erwächst andererseits aus dem Verhalten des Amnions ein direktes Beweismittel für dieselbe.

Wie His[1]) hervorhebt, findet sich bei missbildeten Früchten schon in sehr frühen Entwickelungsstadien das Amnion dem Chorion anliegend, während es nach den Erfahrungen desselben Autors bei normalen Embryonen bis 15 mm Länge den Körper des Embryos ziemlich eng einhüllen soll. His nimmt an, dass bei missbildeten Embryonen bis herab zu 3 mm. Grösse das Amnion weit vom Embryo abstehend und dem Chorion anliegend gefunden wird. Da in vorliegendem Falle das Amnion den Körper ganz knapp einhüllt, so wäre, wie hervorgehoben, wieder ein Argument gewonnen, welches für die normale Natur des Embryos spricht.

Auch die übrigen von His aufgestellten Kriterien ergeben, auf unseren Embryo angewendet, ein befriedigendes Resultat. Können auch über den Grad der Durchsichtigkeit desselben keine bestimmten Angaben gemacht werden (der Embryo gelangte nach eingetretener Dunkelheit in meinen Besitz und wurde nach kurzer Besichtigung bei der Lampe sofort in verdünnte Müller'sche Flüssigkeit gebracht), so ist doch die grosse Schärfe, mit der sich am Spirituspräparat die äussere Form, namentlich die einzelnen Hirnabschnitte durch die Körperbedeckungen wahrnehmen liessen, für die gute Beschaffenheit meines Embryos bezeichnend. Spuren von Maceration waren äusserlich nirgends zu erkennen, wenn auch zugegeben werden muss, dass die histologischen Grenzen der inneren Organe nicht überall mit vollkommener Schärfe ausgeprägt waren.

---

[1]) His. a. a O. II. Seite 14.

# Nachweis, dass der distale Körperanhang die Allantois ist.

Ich trete zunächst in die Erörterung der Frage ein, ob der distale Körperanhang meines Embryos mit dem „Schwanze" menschlicher Embryonen identisch ist.

Bekanntlich ist die Schwanzfrage bei menschlichen Embryonen in den letzten Jahren eingehend durch die beiden berufenen Forscher Ecker[1]) und His[2]) behandelt worden. Wir sind daher im Stande, den Begriff des „Schwanzes", sein Auftreten, seine Eigenthümlichkeiten u. s. w. möglichst genau präcisiren zu können, und zwar auf Grund der sogenannten Compromisssätze[3]), welche nach erfolgter Uebereinstimmung in dieser Frage von Ecker redigirt und von His ausdrücklich anerkannt worden sind.

Nach diesen Compromisssätzen finden sich bei Embryonen einer gewissen Altersklasse distale Körperanhänge, die mit dem Namen „Schwanz" belegt werden müssen. Diese Bezeichnung kann nur auf den Theil Anwendung finden, der die Cloake überragt.

---

[1]) A. Ecker, Besitzt der menschliche Embryo einen Schwanz? Archiv für Anatomie und Physiologie. Jahrgang 1880. Seite 421.

[2]) W. His. Ueber den Schwanztheil des menschlichen Embryo. Ebenda. Seite 431.

[3]) Replik und Compromisssätze von A. Ecker, nebst Schlusserklärung von W. His. Ebenda. Seite 441.

Wie nun bereits R o s e n b e r g [1]) nachgewiesen hat, werden keine überzähligen Wirbel beim menschlichen Embryo angelegt. Diese Erfahrung wurde von His nicht nur bestätigt, sondern dahin erweitert, dass ebensowenig überzählige Segmente gebildet werden. Die Gesammtzahl der Segmente beträgt, den 34 Wirbeln entsprechend, 35; es findet somit auch keine Rückbildung eines wirbelreicheren Abschnittes statt.

Es besteht nun in einer bestimmten Zeit der embryonalen Entwickelungsperiode der schwanzförmige Körperanhang aus einem wirbelhaltigen (Wirbelschwanz, Virchow), der nach His $1^1/_2$—2 Segmente enthält, und einem wirbelfreien Abschnitt (Schwanzfaden His). Letzterer ist allein zur Rückbildung bestimmt; der wirbelhaltige Abschnitt bildet sich in den Steisshöcker (Ecker) um und verschwindet unter der Oberfläche in Folge eintretender Krümmung des Kreuz- und Steissbeins und stärkerer Entwickelung des Beckengürtels der unteren Extremität vollständig.

Was nun die Frage der Identität des blasenartigen Körperanhanges bei meinem Embryo mit dem Schwanze menschlicher Embryonen anlangt, so dürfte schon eine genaue Prüfung der Zeichnung ergeben, dass die in Betracht kommenden Verhältnisse einer solchen Deutung widersprechen. Ich halte es jedoch für richtiger, den förmlichen Beweis anzutreten und werde bei Erbringung desselben feststellen, dass die Verschiedenheit besteht:

1. in der äusseren Form,
2. in der Grösse,
3. in dem Zeitpunkt des Auftretens,
4. in dem anatomischen Bau,
5. in dem Verhalten des Amnions.

[1]) Dr. Emil Rosenberg, Ueber Entwickelung der Wirbelsäule und das Centrale carpi des Menschen. Morpholog. Jahrb. I. Band 1876 Seite 83.

## Aeussere Form.

Zunächst ist hervorzuheben, dass ein äusserlich bemerk-
barer Uebergang des distalen Körperendes in den Schwanz
in keiner Weise besteht. Ecker[1]) sagt nach Aufzählung seiner
Fälle mit schwanzförmigem Anhang: „In allen vorgenannten
Fällen geht das untere Körperende in eine ganz allmählich sich
verjüngende, durch keinerlei Absatz markirte schwanzförmige
Verlängerung aus."

Ganz zu demselben Resultat kommt His, der nach Publikation des 1. Bandes seines Embryonenwerkes vier menschliche
Embryonen mit sehr deutlicher Schwanzspitze beobachtet hat.
Wie die Zeichnungen derselben erkennen lassen, ist der Uebergang des Körperendes in den schwanzartigen Anhang in keiner
Weise markirt; nur die äusserste Spitze des Anhanges ist
etwas abgebogen, ein Verhalten, auf welches ich später zurückkommen werde.

Dass in der That das untere Körperende ohne jeden Absatz in den schwanzartigen Anhang ausläuft, geht namentlich
auch daraus hervor, dass es erst der klärenden Discussion der
Schwanzfrage bedurfte, bevor man sich darüber einigte, wo
man den Schwanz anfangen lassen sollte. His[2]) sagt in der
vorerwähnten Abhandlung: „Als Anfangspunkt des Schwanzes
kann gewählt werden: 1. Die Befestigungsstelle der unteren
Extremität. 2. Der Anfang des frei hervortretenden Körper-
stumpfes. 3. Der hintere Rand des Afters" und kommt weiter
zu dem Schlusse, dass man nur das als „Schwanz" bezeichnen
könne, was die Cloakenöffnung frei überragt. „Würde ohne
weitere Rücksicht auf die Lage des Afters beim Embryo alles

[1]) a. a. O. Seite 422.
[2]) a. a. O. Seite 439.

Schwanz genannt, was nach vorn frei hervortritt, so käme man in die Lage, dem Schwanz in früher Zeit Theile zuzuweisen, die späterhin demselben nicht mehr angehören. Der Schwanzbegriff würde alsdann zu einem stetig sich verschiebenden."

Da nun sämmtliche bis jetzt beobachteten Fälle mit dem geschilderten Verhalten Uebereinstimmung zeigen, so ist man zu der Annahme berechtigt, dass dasselbe ein charakteristisches ist, und bedeutendere Abweichungen von demselben auch einer besonderen Deutung bedürfen. Eine solche Abweichung zeigt aber mein Embryo in exquisitester Weise. Ich verweise auf die vorstehende Beschreibung desselben und hebe hier nur noch hervor, dass er ein für sein Alter ganz charakteristisches Schwanzende besitzt, welches die leicht convexe Krümmung des Rückens fortsetzend in eine nach vorn und aufwärts gebogene, abgestumpfte Spitze ausläuft.

Auf dieser Spitze entspringt nun, durch eine tiefe, um die ganze Peripherie laufende Einschnürung markirt, die als Allantois gedeutete Blase. Wäre dieselbe einfach Schwanzende des Embryos, so würde die geschilderte Einschnürung gar nicht zu erklären sein; auch müsste der fragliche Anhang in „eine ganz allmählich sich verjüngende Spitze" auslaufen, ein Verhalten, dem nicht nur die Zeichnungen, sondern auch die beigegebenen Maasse entschieden widersprechen.

Es bleibt aber noch eine andere Möglichkeit. Wie oben schon mitgetheilt, erschien in einigen Fällen die äusserste Spitze des Anhanges etwas abgebogen. Ecker hat zwei derartige Fälle (Embryonen von 14,0 und 15,0 mm. Länge) beobachtet, während His in allen vier Fällen (Embryonen von 12—15 mm. Länge), Abbiegungen des Endstückes fand. Hierin, sowie in einer geringen Einziehung, welche er an der Grenze zwischen wirbelhaltigem und wirbellosem Schwanztheil bemerkt haben will, fand dieser Autor Veranlassung, letzteren Theil mit einem besonderen Namen, dem „Schwanzfaden" zu belegen, wie er sich bei verschiedenen Säugethierembryonen, wie der Katze und der Ratte, findet.

Man könnte nun den fraglichen Anhang bei meinem Embryo mit dem Schwanzfaden, dem zur Rückbildung bestimmten Theile des embryonalen Gesammtschwanzes identificiren. Es fragt sich jedoch vor Allem, ist die Absetzung des sogenannten Schwanzfadens von dem Wirbelschwanz eine so markante, dass die tiefe Einschnürung, die durch Berührung der Allantois mit dem distalen Körperende meines Embryos entsteht, mit ihr verwechselt werden kann. Diese Frage muss verneint werden. Ecker, der die in Betracht kommende Zuspitzung des embryonalen Schwanzes zuerst und am häufigsten beobachtete und somit eine grosse Erfahrung auf diesem Gebiete besitzt, giebt His gegenüber ausdrücklich an, dass er niemals beim menschlichen Embryo ein Endstück gesehen habe, welches durch plötzliche Verjüngung so vom Rest abgesetzt gewesen wäre, dass man dasselbe schon nach der äusseren Form als besonderes Gebilde (Schwanzfaden) hätte bezeichnen können. Abgesehen von den bereits besprochenen, waren es wohl hauptsächlich Gründe der vergleichenden Entwickelungsgeschichte, die His bestimmten, für eine besondere Bezeichnung der äussersten Schwanzspitze menschlicher Embryonen einzutreten; überdies giebt er Ecker gegenüber zu, dass so bedeutende Einziehungen wie bei Katzen- und Ratten-Embryonen beim Menschen nicht vorkämen.

Aber nicht allein die tiefe Einziehung, welche bei meinem Embryo Allantois und hinteres Körperende trennt, widerspricht dieser Deutung, sondern auch die Form der Allantois steht mit derjenigen des embryonalen Schwanzfadens, die ausdrücklich als stachelförmig bezeichnet wird, in Widerspruch.

## Grössenverhältnisse der fraglichen Anhänge.

Hinsichtlich der Grösse des Gesammtschwanzes, d. h. des sogenannten Wirbelschwanzes plus Schwanzfaden finden sich bei Ecker[1]) in seiner bekannten Arbeit über den Steisshaarwirbel Angaben, die für einen Vergleich verwerthbar erscheinen. Für die älteren Fälle von Ecker sind die Maasse nicht angegeben; ebenso vermisse ich dieselben in den 4 hierhergehörigen Fällen von His.

Was zunächst die Längendimensionen anlangt, so erwähnt Ecker

1. einen Embryo von 12,5 mm. Länge, dessen unteres Körperende in einen nach vorn und aufwärts gekrümmten, mit einer ziemlich feinen Spitze endigenden schwanzförmigen Anhang ausläuft. Dieser Anhang hat in seinem von Bauch und Extremitäten abhebbaren, d. h. vollkommen freien Theile eine Länge von 1,5 mm.;

2. einen Embryo von 8 mm. Länge; der Schwanz misst 1,0 mm., ist aber zweimal umgebogen und würde, gerade gestreckt, das angegebene Längenmaass jedenfalls überschreiten;

3. einen Embryo von 13,0 mm. Länge. Der schwanzförmige Anhang hat eine Länge von 0,6 mm.; endlich

4. einen Embryo von 9,0 mm. Länge mit sehr deutlich ausgebildetem, etwa 2,50 mm. langem schwanzförmigen Anhang. In diesem Falle finden sich auch gleichzeitig Angaben für den Durchmesser des Schwanzes, auf welche ich noch zurückkommen werde.

---

[1]) A. Ecker, Der Steisshaarwirbel (vertex coccygeus), die Steissbeinglaze (glabella coccygea) und das Steissbeingrübchen (foveola coccygea), wahrscheinliche Ueberbleibsel embryonaler Formen, in der Steissbeingegend beim ungeborenen, neugeborenen und erwachsenen Menschen. Archiv für Anthropologie. Zwölfter Band. Seite 130.

Fassen wir die Ergebnisse zusammen, so haben wir bei
vier Embryonen von 8—13 mm. Grösse eine Länge des schwanzartigen Anhanges, die zwischen 0,6—2,5 mm. beträgt.

Kommen diese Werthe aber in der That dem wirklichen
Schwanze, d. h. dem die Cloake überragenden Theile des unteren
Körperendes zu? Ich glaube, dass dies kaum der Fall sein dürfte.
Denn Ecker hat in keinem der Fälle angegeben, von welchem
Punkte ab er die Messung vorgenommen, d. h. von welchem
Punkte er den Schwanz anfangen lässt, während doch, wie wir
sahen, der Anfangspunkt desselben ganz verschieden gewählt
werden kann, und demgemäss der Schwanz auch eine verschie-
dene Länge besitzen muss.  Ueberdies sagt Ecker:[1])

„Was zunächst die Grösse (des Schwanzes) betrifft, so ist
bei der Schätzung allerdings einige Vorsicht geboten, indem
der nach vorn und aufwärts gekrümmte Anhang mit der Vorder-
fläche seiner Basis  an  der Unterbauchgegend  gemeiniglich
eng anliegt und nur bei frischen, noch weichen Embryonen
davon abgehoben und einigermassen gestreckt werden kann.“

Es ist anzunehmen, dass die angegebenen Maasse eher
zu gross als zu klein notirt sind, da His nachgewiesen hat,
dass durchaus nicht alles Schwanz genannt werden kann, was
frei hervorsteht; gehört doch in gewissen Entwickelungsperioden
neben dem Steiss das ganze Sakralgebiet dem Theil des unteren
Körpers an, der frei emportritt.

Wir können daher den angegebenen Längenmaassen nur
einen bedingten Werth beimessen, in Wirklichkeit bleiben dieselben erheblich unter den mitgetheilten Zahlen zurück. Insbesondere dürfte diese Vorsicht bei Verwerthung des längsten
Ausmaasses, das für den Embryonalschwanz angegeben wurde,
am Platze sein, nämlich für die Schwanzlänge von 2,5 mm. bei
einem 9,0 mm. langen Embryo. Abgesehen davon, dass es an

[1]) a. a. O.  Seite 143.

sich schon auffallend erscheint, dass bei dem 9,0 mm. langen
Embryo die Länge des Schwanzes 2,5 mm. beträgt, während
sie bei einem Embryo von 8,0 mm. nur 1,0 mm. und bei einem
von 13,0 mm. Länge gar nur 0,6 mm. misst, finden sich auch
zwei Lesarten[1]) über die Länge des Schwanzes, die nicht mit
einander übereinstimmen.

Ich glaube daher, diesen Fall zu einem Vergleich nicht
heranziehen zu dürfen. Es bleiben demnach noch die 3 Fälle, deren
Schwanzlänge zwischen 0,6 und 1,5 mm. liegt. Auch Ecker
selbst hat offenbar den vorerwähnten Fall mit seinem auffal-
lenden Längenmaass ausser Betracht gelassen; ich schliesse
dies aus einer Angabe in seiner bereits citirten Arbeit über
den Steisshaarwirbel, die er nach Aufzählung der einzelnen in
Betracht kommenden Embryonen macht. Er sagt[2]): „Bei Embryonen von 9—12 mm. beträgt die Länge des vollkommen
freien Theiles des Anhanges 1—1 1/2 mm."

Nehmen wir nun zunächst auf die Länge des Embryos
keine Rücksicht und vergleichen wir lediglich die fraglichen
Anhänge mit einander, so kommen wir zu dem Ergebniss, dass
eine sehr erhebliche Differenz besteht. Der Anhang meines
Embryos misst von dem scharf markirten Ansatz an das hintere Körperende bis zu der Spitze 2,16 mm., während die, wie
angegeben, zu grossen Werthe für die schwanzförmigen Anhänge
der vorerwähnten Embryonen zwischen 1—1,5 mm. schwanken.

---

[1]) In der Arbeit über den Steisshaarwirbel ist die Länge wie oben auf
2,5 mm. angegeben, während es in der brieflichen Mittheilung an Ilis (Archiv
für Anatomie und Entwickelungsgeschichte. Jahrgang 1880 Seite 425) heisst:
„Das abgeschnittene 1,40 mm. lange Schwanzende zeigt etc. . . .."

Nun würde ich ohne Weiteres das Nächstliegende annehmen, dass nämlich
von dem 2,5 mm. messenden Schwanze 1,40 mm. behufs näherer Untersuchung ab-
getragen worden sei, wenn nicht in der der Abhandlung beigegebenen Erklärung
von Fig. VII (dem abgeschnittenen Schwanze) gesagt würde: Fig. VII, das freie,
etwa 2,5 mm. lange Schwanzende u. s. w.

[2]) a. a. O. Seite 143.

Sehr prägnant ist auch die Differenz, die sich beim Vergleich der Durchmesser ergiebt. Ecker giebt in dem hinsichtlich des Längenmaasses nicht verwerthbaren Falle zwei Durchmesser des schwanzförmigen Anhanges an; in allen übrigen Fällen sind leider Angaben über Dickenverhältnisse nicht gemacht. Diese Durchmesser sind so gelegt, dass der obere etwas unterhalb des Schnittes liegt, durch welchen der Schwanz vom übrigen Körper abgetrennt wurde. Der zweite Querdurchmesser liegt in der Nähe der Schwanzspitze, doch ist das zwischen beiden liegende Stück etwas grösser als das über dem oberen Querdurchmesser und der Schnittfläche befindliche.

Nehmen wir nun in Uebereinstimmung mit dem Texte die Länge des abgetrennten Schwanzes zu 1,40 mm. an, so lässt sich mit Zuhülfenahme der Vergrösserung zunächst berechnen, an welchen Stellen die Durchmesser liegen.

In der Vergrösserung misst der Schwanz 57 mm. Der obere Querdurchmesser befindet sich 5 mm. unterhalb der Schnittfläche, demnach 52 mm. oberhalb der Schwanzspitze; der untere Querdurchmesser ist 12 mm. von der Schwanzspitze entfernt. Es lassen sich nun mit Leichtigkeit diese, durch direkte Messung an der vergrösserten Abbildung gewonnenen Zahlen auf die wirkliche Länge des Schwanzes von 1,40 mm. reduciren. Wir finden alsdann, dass der obere Querdurchmesser nahezu 0,12 mm. unterhalb der Schnittfläche, der untere dagegen nahezu 0,3 mm. oberhalb der Schwanzspitze liegt. Die Strecke des Schwanzes, die zwischen den beiden durchgelegten Querdurchmessern sich befindet, besitzt daher eine Länge von nahezu 1. mm.

Da nun der obere Querdurchmesser 0,70 mm. misst, der untere 0,30 mm., so beträgt die Verjüngung des Schwanzes, d. h. das Verhältniss der Differenz der beiden Querdurchmesser (0,70–0,30 = 0,40 mm.) zum Abstand derselben von einander (= 1,0 mm.) 0,40.

Bei meinem Embryo beträgt die Länge des distalen Körper-

anhanges 2,16, der obere Querdurchmesser (nahe an der Abgangsstelle gemessen) 0,49, der untere Querdurchmesser dagegen
0,45 mm. Letzterer wurde vor Beginn der sich stärker verjüngen-
den Spitze gemessen. Nehmen wir nun die Entfernung der
beiden Durchmesser von einander zu 2,0 mm. an, was der Wirklichkeit sehr nahe kommen dürfte, so beträgt die Verjüngung
des Anhanges $\frac{0,49 - 0,45}{2} = 0,02$.

Stellt man nun letzterem Werth den für den Schwanz ge-
fundenen, analogen gegenüber, so erhält man das Verhältniss
von 0,02 : 0,40.

Die Verjüngung der Allantois verhält sich mithin zur Verjüngung des Schwanzes menschlicher Embryonen wie 1 zu 20.

## Zeitpunkt des Auftretens.

Bisher ist auf die Länge der Embryonen, d. h. auf das
Alter, in welchem die fraglichen Bildungen zur Beobachtung
gelangen, keine Rücksicht genommen worden. Wir haben lediglich
lich die Dimensionen der Anhänge des unteren Körperendes
mit einander verglichen. Sind nun hierbei bereits ganz erhebliche Unterschiede zu Tage getreten, so werden die Differenz-
punkte noch viel eklatanter, wenn wir das Alter resp. die Grösse
der Embryonen in Betracht ziehen.

Die Embryonen, bei welchen E c k e r den fraglichen Schwanz-
anhang beobachtet hat, besitzen eine Länge von 8—15 mm. Die
vier Beobachtungen von H i s erstrecken sich auf solche, deren
Körperlänge zwischen 12 und 15 mm. beträgt. Diese ge-
hören demnach einer weit vorgeschrittenoren Entwickelungsstufe an als der meinige, der 3,7 mm. Länge besitzt. Die Differenz
in der Längendimension wird aber noch beträchtlicher, wenn
man bedenkt, dass die Embryonen zwischen 8—15 mm. zum
Theil noch so stark gekrümmt sind, dass die Körperachse eine
durch die Annäherung der Enden mehr oder minder geschlossene

4*

Spange darstellt. Da mein Embryo sich in nahezu gestrecktem
Zustand, d. h. im Stadium vor Eintritt der Spangenkrümmung,
wie ich sie kurz bezeichnen will, befindet, so bietet der Vergleich der Zahlen, die das Längenmaass repräsentiren, kein
richtiges Bild. Man müsste eigentlich die Circumferenz des
Rückens vergleichen. Bekanntlich stellen sich indess der Fest-
setzung dieses Maasses so erhebliche Schwierigkeiten entgegen,
dass man von einer allgemeinen Verwerthung desselben bei
dem Vergleich der Embryonen unter einander abgesehen hat.

Es steht also fest, dass bei Embryonen über 8 mm. Länge
das untere Körperende eine spitz zulaufende, schwanzförmige
Verlängerung zeigt, die, wie aus den vorhergehenden Abschnitten
erhellt, entweder einfach die convexe Curve des Rückens fortsetzt und sich nach vorn und aufwärts krümmt oder ein- oder
mehrmals seitlich abgebogen ist.

Wie verhält sich nun das Schwanzende bei Embryonen
unter 8 mm?

Wie His festgestellt und Ecker in den bereits erwähnten
Compromisssätzen zugegeben hat, überragt bei diesen nur ein
kleiner Theil des hinteren Körperendes die Cloakenöffnung, so
dass bei ihnen ein längeres, zugespitztes Schwanzende fehlt.

Was nun weiter den Zeitpunkt des Auftretens anlangt, so
hängt derselbe, wie His dargethan hat, eng mit den Krümmungs-
verhältnissen der Embryonen zusammen, die wir mithin einer
kurzen Betrachtung unterziehen müssen.

Theilen wir zu diesem Zwecke die Embryonen des ersten
Monats in einzelne Gruppen und beginnen wir mit den am
meisten entwickelten, den Embryonen von 7–8 mm. Länge.

Wir finden bei denselben eine stark ausgesprochene
Krümmung des Körpers, die so bedeutend ist, dass Kopf- und
Schwanzende sich nahezu berühren.

Für Embryonen unter 7 mm. bis incl. 4 mm. ist die Biegung
die gleiche; die jüngsten Repräsentanten dieser Reihe sind

sogar noch stärker gekrümmt, wie z. B. Embryo $\alpha$[1] (4 mm.), bei dem Kopf und hinteres Körperende an einander vorbeitreten.

Ganz anders stellen sich die Krümmungsverhältnisse bei Embryonen unter 4 mm., d. h. vor Eintritt der Nackenbeuge. His unterscheidet hier 2 Typen der Rückenkrümmung, die in ihrer Form sich diametral gegenüberstehen. Die eine Form zeigt eine convexe Rückenlinie und ein nach vorn emporsteigendes Beckenende, die andere dagegen tiefe Einsattelung des Rückens und das Beckenende gestreckt und nach abwärts gerichtet.

Das Auftreten des sogenannten Schwanzfadens fällt nun mit der beginnenden Aufbiegung der in Spangenkrümmung befindlichen Embryonen zusammen. Dieses Zusammentreffen ist so constant, dass His die Bildung des Schwanzfadens lediglich auf die bei der Aufbiegung erfolgende Verschiebung zurückführt. Er formulirt diese Ansicht in folgender Hypothese:[2]

Die Elemente des unteren Körperendes bilden gewissermaassen zwei concentrische Bogen; der mehr nach aussen belegene wird durch Medullarrohr und Chorda, der nach innen gerichtete von den Urwirbeln gebildet. Biegt sich nun der untere Spangenschenkel auf, so muss eine Verschiebung des längeren äusseren über den kürzeren inneren Bogen stattfinden, und Chorda und Medullarrohr die Urwirbel überragen.

Diese Hypothese, die in der That in vollkommen befriedigender Weise das Auftreten des Schwanzfadens erklärt, wird auch von Ecker ausdrücklich anerkannt, indem derselbe noch hervorhebt, dass sie mit keiner bereits bekannten Thatsache in Widerspruch stände.

---

[1] His, a. a. O. I. Seite 101.
[2] His, Ueber den Schwanztheil des menschlichen Embryo. Archiv für Anatomie und Physiologie; anat. Abtheilung. Jahrgang 1880. Seite 438.

Mag man nun dieser Hypothese zustimmen oder nicht, jedenfalls steht so viel fest, dass mit der Aufbiegung der Schwanzfaden auftritt; so lange aber die stark gekrümmte Form besteht, ist von diesem Gebilde nichts wahrzunehmen. Wir kommen daher zu dem Schluss, dass bei vorliegendem Embryo von 3,7 mm., der noch gar nicht in die Spangenkrümmung, die der Embryo durchlaufen haben muss, bevor der Schwanzfaden zur Entwickelung gelangt, eingetreten ist, der vielmehr, wie wir später sehen werden, vor diesem Eintritt noch die Phase der concaven Einsattelung durchzumachen hat, ein Schwanzfaden nicht vorhanden sein kann.

Die Differenz des Maasses von 3,7 und 8 mm. wird überdies noch bedeutender, wenn man berücksichtigt, dass ersteres die Entfernung Mittelhirn - Schwanzkrümmung repräsentirt, während letzteres den Durchmesser Nackenhöcker-Kreuzhöcker bezeichnet, die Maasse des Kopfes demnach ausser Betracht geblieben sind.

### Anatomischer Bau.

Auch in dem anatomischen Bau ergeben sich Unterschiede, die bestimmt dafür sprechen, dass der Körperanhang meines Embryos mit dem Schwanze menschlicher Embryonen nicht identisch ist. Der wirbelhaltige Schwanz enthält, wie wir sahen, 1½ bis 2 Segmente, der der Reduktion anheimfallende Schwanzfaden die Fortsetzung der Chorda und des Medullarrohres.

In dem hintersten Körperende meines Embryos sind aber Urwirbelsegmente überhaupt noch nicht angelegt. Die Segmentirung erstreckt sich nur auf die Körpermitte. Hier finden sich, der Stelle entsprechend, an welcher ventralwärts die Herzanlage sich markirt, etwa 6 äusserlich wahrnehmbare Segmente, weiter distalwärts fehlen dieselben.

Dass dieses Verhalten kein zufälliges oder etwa auf nachträgliche Verwischung bereits vorhandener gewesener Anlagen zurückzuführen ist, ergiebt eine Prüfung der nächststehenden His'schen Embryonen, die, wie Embryo SR ähnliche Verhältnisse aufweisen.

Ebenso wenig stimmt der als Allantois gedeutete Anhang bezüglich des Baues mit dem Schwanzfaden überein.

Obgleich die Schnittrichtung in dem fraglichen Anhang zur Feststellung dieser Verhältnisse nicht gerade günstig ist, so kann doch soviel mit Sicherheit behauptet werden, dass weder Chorda noch Medullarrohr vorhanden sind. Das Nichtvorhandensein dieser Gebilde spricht aber entschieden gegen die Deutung als embryonaler Schwanzfaden.

## Verhalten des Amnions.

Das Verhalten des Amnions zum Gesammtkörper des Embryos ist an anderer Stelle schon ausführlich beschrieben. Dasselbe umgiebt den Embryo überall eng und steht nur sehr wenig am Vorderhirn und in der Gegend des Hinterhirnes von demselben ab. Für vorliegende Frage ist das Verhalten des Amnions am hinteren Leibesende des Embryos von besonderer Wichtigkeit. Die rechte Profilansicht ist zur Feststellung dieses Verhaltens nicht günstig, da die hautartige Verbindung zwischen Embryonalkörper und äusserer Eihaut (Hautstiel) das Schwanzende des Embryos sowie den Ansatz der als Allantois gedeuteten Blase überlagert.

Sehr klar giebt dagegen die linke Profilansicht (Tafel II) über diese Verhältnisse Auskunft. Nachdem das distale Körperende eng vom Amnion umhüllt, endet dasselbe genau an der Stelle, wo sich die Allantois von dem äussersten Schwanzende abhebt. Das abgerundete Ende des zum embryonalen Körper gehörenden Schwanztheiles ist noch vom Amnion überzogen, der blasenartige Anhang dagegen nicht. Der Ansatz des Amnions lässt sich deutlich in der Einschnürung erkennen, welche die Allantoisbläse und das Schwanzende von einander trennt. Hieraus geht

hervor, dass der fragliche Körperanhang nicht in dem von
dem Amnion umschlossenen Raum, sondern ausserhalb desselben liegt. Da nun das Amnion den Körper eng umschliesst,
dasselbe sich ferner überall als continuirliche und geschlossene
Haut verfolgen lässt, welche an keiner Stelle eine Lücke oder
Verletzung aufweist, erscheint weiterhin die Annahme gerechtfertigt, dass der Körperanhang nicht durch zufällige Verletzung
dieser Eihülle in den Raum ausserhalb derselben gelangt sein
kann; es ergiebt sich vielmehr mit Bestimmtheit, dass die Entwickelung des Anhanges von vornherein in denselben hinein
erfolgt ist.

Hätte ursprünglich das Amnion den fraglichen Anhang
umhüllt, und wäre derselbe erst durch einen zufälligen Einriss aus dem Amnionraum hinausgelangt, so müsste diese Eihaut
unbedingt weiter von dem hinteren Körperende abstehen. Es
spricht mithin nicht nur das Fehlen jeder Continuitätstrennung,
sondern auch das knappe Anliegen des Amnions an dem Embryonalkörper gegen diese Annahme.

Hiermit ist aber ein entscheidendes Kriterium für die Beurtheilung des fraglichen Anhanges gegeben. Wäre derselbe
einfach hinteres Körperende oder Schwanzfaden, so müsste er
unbedingt innerhalb des geschlossenen Amnionraumes liegen.

Nachdem somit der Beweis erbracht ist, dass der Anhang meines Embryos mit dem Schwanze menschlicher Embryonen nicht identisch ist, erübrigt nunmehr noch der direkte
Nachweis, dass derselbe nur die Allantois sein kann.

Wie wir sahen, hat sich der Anhang in den Raum ausserhalb des Amnions hinein entwickelt. Ausserhalb des geschlossenen Amnions liegen aber nur die Nabelblase und die
Allantois. Es könnte sich mithin nur um diese beiden Möglichkeiten bei der Deutung handeln. Wäre die Nabelblase vorhanden, so würde sich die Deutung des Anhanges als Allantois

von selbst ergeben; da erstere aber fehlt, so könnte der Einwand erhoben werden, die als Allantois angesprochene Blase
sei die Nabelblase. Dass diese Deutung nicht zutreffend ist,
ergiebt sich indess

1. schon aus der äusseren Form des Körperanhanges, die
von der Configuration der Nabelblase in diesem Entwickelungsstadium grundverschieden ist;

2. aus dem Ursprung des Gebildes vom äussersten Schwanzende des Embryos. Von dieser Stelle könnte niemals die Nabelblase entspringen. Der Ansatz der letzteren ist vielmehr durch
den Bauch- oder Hautnabel umschrieben, der bei meinem Embryo einen beträchtlichen Theil der ventralen Leibeswand einnimmt.

3. Ergeben die Durchschnitte, dass vor der am äussersten
Schwanzende entspringenden Blase eine zweite Blase vorhanden war, die mit dem an dieser Stelle rinnenförmigen Darm
in breiter Communication stand.

Dies Verhalten ist entscheidend. Von den beiden mit dem
Darm in Verbindung stehenden Blasen kann die proximale nur
die Nabelblase, die distale nur die Allantois sein.

# Literarischer Rückblick.

Der in vorstehendem Abschnitt geführte Beweis, dass das blasenförmige Gebilde, das sich bei meinem Embryo vom Caudalende abhebt, die Allantois ist, würde vergeblich geführt, und der Nachweis des Hautstiels als verbindende Brücke zwischen Embryo und Chorion bedeutungslos sein, wenn der Fall ein vereinzelter wäre. Eine derartige Beobachtung darf nicht ohne Weiteres verallgemeinert werden.

„Es kann nicht darauf ankommen", sagt B a e r in seinen Studien, „dass ein einzelner Beobachter noch die Beschreibung einer Frucht hinzufügt und sagt: „Das habe ich gefunden, folglich hat Dieser Recht und Jener Unrecht." Es muss vielmehr für wünschenswerth erklärt werden, bemerkt B a e r weiter, dass der einzelne Forscher Gelegenheit erhalte, möglichst viele Eier zu untersuchen, um bestimmen zu können, welche Verhältnisse als die normalen und welche als die abweichenden zu betrachten sind.

Diesen Bemerkungen B a e r's muss zweifellos zugestimmt werden. Es wäre für die Sicherstellung jeder neu aufgefundenen Thatsache gewiss das beste, wenn dieselbe gleich an einer ganzen Reihe von Ovula demonstrirt werden könnte. Bei der grossen Seltenheit der für vorliegende Frage in Betracht kommenden Objekte kann es aber nur der Zufall fügen, dass demselben Forscher mehrere Parallelfälle zugehen. Zur Veri-

ficirung der Untersuchungsresultate und zum Nachweis der
Constanz des Befundes kann daher dieser Weg kaum in Betracht kommen.

Will man indess auf die Erreichung dieses Zieles nicht
verzichten, so bleibt nur ein Weg übrig, nämlich der, an der
Hand der Literatur zu untersuchen, ob sich in den älteren zum
Theil vortrefflich beschriebenen Beobachtungen Anhaltspunkte
ergeben, die sich mit dem neuen Befund in Einklang bringen
lassen. 'Stellt das Novum wirklich einen constanten Befund
dar, so kann man sicher sein, dass dies der Fall sein wird,
wenn auch die Deutung eine andere ist.

Von diesem Gesichtspunkte ausgehend, habe ich es mir
angelegen sein lassen, die einschlägige Literatur zu durch-
forschen. Als Resultat dieser Forschung hat sich ergeben,
dass der Befund bei meinem Embryo in der That an eine
ganze Reihe bereits vorhandener Beobachtungen sich anschliesst
und dass abweichende Darstellungen mit demselben nicht in
unlösbarem Widerspruch stehen.

Ich trete daher in die Erörterung der Literatur ein und
führe die hierhergehörigen Beobachtungen in chronologischer
Reihenfolge auf. Eine Uebersicht über die gesammte Allan-
toisliteratur zu geben, beabsichtige ich indess keineswegs. Diese
Aufgabe wäre auch eine zu undankbare, da fast bis zu B a e r
die grösste Confusion auf diesem Gebiet herrschte.

„Wer soll nicht an Allem zweifeln“, klagt O k e n [1]), „wenn man
bei den Schriftstellern für die Allantois die heterogensten Dinge
angeführt findet, die je gesehen wurden ... und wenn diese ohne
alle Unterschiede zum Beweise ergriffen werden, dass es eine
Allantois im Menschen giebt...; wenn so viele Männer solche Verwechselungen machen können, nachdem die Anatomie es so
weit gebracht hat.“

---

[1]) O k e n und K i e s e r, Beiträge zur vergleichenden Zoologie, Anatomie
und Physiologie. Bamberg und Würzburg. 1806. Seite 31.

## Kieser 1810. [1]

Die Beschreibung des Eies ist allerdings mangelhaft, dasselbe würde daher kaum erwähnenswerth sein, wenn nicht die beigegebene Zeichnung einige Schlüsse gestattete.

Aus der Beschreibung hebe ich nur hervor, dass es sich um ein grosses Ovulum handelt, das einen sehr jungen, kaum eine Pariser Linie langen Embryo enthielt. Derselbe ist vom Amnion umhüllt, das 4 Linien in seinem längsten Durchmesser misst. Der Durchmesser des Chorions beträgt ungefähr 1 Zoll. Fast die Hälfte des Embryos wird vom Kopf eingenommen. Neben dem Embryo liegen einige weisse Körperchen, deren Deutung Kieser zu gewagt erscheint. Die Zeichnung, von der noch besonders betont wird, dass sie die Theile möglichst getreu wiedergebe, ist leider in einem sehr kleinen Maassstabe ausgeführt.

Gerade der Umstand, dass sich der Autor der Deutung der Theile enthält, giebt für die Richtigkeit der Darstellung eine gewisse Gewähr. Nur in einem Punkte ist er von diesem Bestreben abgewichen und gerade in diesem Punkte ist die Deutung zweifellos falsch. Der Theil des Embryos nämlich, der die Verbindung mit dem Chorion aufweist, ist offenbar das Schwanz- und nicht das Kopfende, wie Kieser meint. Es liegt hier eine Verwechselung vor, die im Hinblick auf die wenig ausgebildeten Untersuchungsmethoden jener Zeit und die Kleinheit des Objektes [2] entschuldbar erscheint. Nimmt man als gewiss an, dass dieser Theil des Embryos das Schwanzende darstellt, so geht aus der Zeichnung mit Sicherheit hervor, dass neben der Verbindung des Embryos mit dem Chorion ein

---

[1] Kieser, Der Ursprung des Darmkanals aus der Vesicula umbilicalis, dargestellt im menschlichen Embryo. Göttingen 1810. Seite 29.

[2] Kieser sagt: „Der vorliegende Embryo bezeichnet die Grenze der Anatomie."

zweiter, von dem Schwanzende sich frei abhebender blasen-
artiger Körper vorhanden ist, der offenbar die Allantois darstellt. Die Lage der beiden Gebilde (des Verbindungsstranges
mit dem Chorion, sowie der Allantois) zu einander entspricht
ganz dem Verhalten bei meinem Embryo.

In der Mitte des embryonalen Körpers ist die Nabelblase
dargestellt, während an dem Kopfende sich zwei Gebilde befinden, deren Deutung aus der Zeichnung nicht möglich erscheint.

Ob die Darstellung des Amnions vollkommen richtig ist,
muss dahingestellt bleiben; nach der Zeichnung liegt das
als Allantois gedeutete Gebilde innerhalb des Amnionsackes.

## Meckel 1817.[1])

Es handelt sich um eine Beobachtung mit blasenförmiger
Allantois, von der eine eigentliche Beschreibung nicht existirt.

Von dieser Beobachtung sagt Johannes Müller:[2])

„Meckel's Beobachtung ist in seiner Abhandlung über
die Bildungsgeschichte des Darmkanals ganz versteckt, und ich
weiss nicht, warum Meckel einer so kostbaren Beobachtung
nicht eine besondere Stelle gewidmet, sondern sie in die Erklärung der Abbildungen verwiesen hat. Auf Tafel I, Figur 2,
ist ein menschlicher Embryo aus der 4. Woche mit Vesicula

---

[1]) J. Fr. Meckel, Bildungsgeschichte des Darmkanales der Säugethiere und
namentlich des Menschen. Deutsches Archiv für Physiologie, Halle, 1817. III. Band,
Tafel I, Fig. 2.

[2]) Johannes Müller, Zergliederungen menschlicher Embryonen aus
früherer Zeit der Entwickelung. Archiv für Anatomie und Physiologie. Jahrgang 1830. Seite 424.

[3]) Handbuch der menschlichen Anatomie, IV. Band, Halle 1820 (Seite 726).

umbilicalis, Allantois, Amnion und Chorion sehr deutlich abgebildet. Die Allantois ist hier grösser als das Nabelbläschen
und liegt neben demselben. Jedenfalls ist aber hier die Allantois viel länger geblieben, als sie sonst pflegt, denn bei Embryonen von der Grösse wie der hier abgebildete, ist sie sonst
in der Regel ganz zuverlässig nicht mehr vorhanden, wie aus
übereinstimmenden neuen Beobachtungen hervorgeht. Denn
die älteren Beobachtungen hierfür sind bekanntlich unbrauchbar, da man ehemals das Nabelbläschen für die Allantois
beschrieb."

Diesen Bemerkungen Johannes Müller's ist kaum noch
etwas zuzufügen.

Wie Meckel zu der Allantoisfrage steht, erhellt schon
aus dem Satze, mit dem er das Kapitel „Harnhaut" in seinem
anatomischen Handbuch [3]) einleitet. Derselbe lautet:

„Ob sich bei dem menschlichen Foetus, wie bei dem der
übrigen Säugethiere eine, mit der Harnblase durch den Harnstrang in Verbindung stehende Harnhaut oder mittlere Haut
(Allantois s. membrana media) finde, ist noch jetzt Gegenstand
des Streites."

Obwohl Meckel eine Beobachtung anführt, welche eine
„grössere, mit einer dünnen Flüssigkeit angefüllte, zusammen-
gesunkene, dünnhäutige Blase" betrifft, die von ihm bei einem
vierwöchentlichen Embryo zwischen Ader- und Schafhaut
gefunden wurde, so geht doch aus seinen weiteren Ausführungen und der oben citirten Stelle hervor, dass Meckel die
Allantois mit der Membrana media identificirte. Auch führt er
für das Vorhandensein einer Allantois das bisweilen bei der
Geburt in beträchtlicher Menge vorhandene falsche Kindes-
wasser an.

# Pockels, 1825.[1])

Unter mehr als 50 Eiern aus den ersten 6 Wochen der Schwangerschaft erhielt Pockels nur 4, die vollkommen normal gebildet, 8—16 Tage nach der Befruchtung abgegangen waren.

Die hier vorzugsweise in Betracht kommenden Resultate seiner Untersuchungen über normale Eier bis zu 14 Tagen sind folgende:

1. Ein solches Ovulum besitzt Muscatnuss- bis Wallnussgrösse. Innerhalb der Decidua liegt das Chorion. Die Flocken des letzteren haben mit der Decidua keine Gefässverbindung. Die Höhlung des Chorions enthält eine röthliche Flüssigkeit von eiweissartiger Consistenz. Eine die Innenfläche desselben auskleidende Haut, eine Allantois ist nicht vorhanden.

2. In der eiweissähnlichen Flüssigkeit des Chorions liegt das Amnionbläschen; dasselbe ist birnförmig, bisweilen kugelrund und hat in den ersten 14 Tagen die Grösse einer Erbse bis Feldbohne. Das Amnion ist gewöhnlich mit seinem birnförmigen Stiel an einer Stelle des Chorions leicht befestigt. Die Wände des Amnions sind durchsichtig, der Inhalt besteht aus wasserheller Flüssigkeit.

3. Der Embryo ist kaum 1 Linie gross und von weisslichgelber Farbe. In der Mitte zeigt er eine Abplattung, während die beiden Enden kolbig abgerundet sind. Bis zum 14. Tage liegt der Embryo ausserhalb der Amnionhöhle. Der Rücken ist in einer flachen Grube des Amnions durch zelliges Gewebe locker befestigt, seine Bauchseite ist dem Chorion zugewandt.

4. Etwa am 8. Tag verwächst der Embryo mit seiner Rückenseite mit dem Amnion und kommt nun allmählich, die

---

[1]) Dr. Pockels, Neue Beiträge zur Entwickelungsgeschichte des menschlichen Embryo in den ersten 3 Wochen nach der Empfängniss. (3 Tafeln). Isis 1825. II. Band. Seite 1342.

Wände desselben als Ueberzug mitnehmend, immer tiefer in das Amnion zu liegen, bis er etwa am 16. Tage sich vollkommen innerhalb desselben befindet. An seiner Bauchseite bildet sich durch diesen Einsenkungsprocess eine Scheide aus dem Amnion. Die Nabelschnur fehlt noch am 16. Tage. Der Rücken ist in diesem Stadium concav eingebogen.

5. Vor und kurze Zeit nach dem Eingehen des Embryos in das Amnion stehen mit dem Körper desselben zwei wichtige Organe in Verbindung, die ausserhalb des Amnions liegen, nämlich die Vesicula umbilicalis und die Vesicula erythroides.

6. Die Vesicula erythroides, ein bisher übersehenes Organ des menschlichen Eies, ist eine etwas platt gedrückte Blase von langgezogener, birnförmiger Gestalt, deren breiteres, abgerundetes Ende auf dem Amnion liegt und über den unteren Theil des Embryos hinausragt. Mit ihrem schmäleren Ende mündet sie in die Bauchseite des Embryos ein, wird aber vorher in einer knieförmigen Biegung ein wenig erweitert. Sie ist in 8—12 Tage alten Eiern etwa 3mal länger als der Embryo und in der 4. Woche nach der Befruchtung nicht mehr sichtbar. Von der äusseren Fläche des Amnions lässt sie sich mit dem Embryo in der Regel leicht aufheben, bisweilen ist sie jedoch mit dem breiteren Ende auf dem Amnion fester verwachsen und nur schwer davon zu trennen.

7. Die Vesicula erythroides ist durchscheinend, von milchweisser Farbe und verhältnissmässig dicken Wänden. Im Innern will Pockels mit unbewaffnetem Auge eine Menge rother Kügelchen erkannt haben, die in Weingeist blass wurden und sich schliesslich in zwei Ströme gruppirten.

8. Beim tieferen Eindringen in die Amnionhöhle entfernt sich die Vesicula erythroides vom Amnion (von Pockels als

selbstständiger Vorgang gedacht) immer mehr, kommt allmählich in die Scheide zu liegen und füllt diese aus. „So wird
die Tunica erythroides im menschlichen Ei zur
Nabelschnur." Dies ist in der 3. Woche der Fall. In der
4. und 5. Woche sieht man öfters noch das freie Ende der
Vesicula erythroides innerhalb der Nabelschnurscheide.

In den folgenden Abschnitten handelt Pockels zunächst
von dem „wurmförmigen Strang", wie die unter 7 beschriebenen
„Ströme" im Innern der Vesicula erythroides genannt werden,
von den Windungen und der Einmündung desselben in den
Embryo. Hierauf wendet er sich zu der Vesicula umbilicalis.

Dieselbe wird als kugelrundes, bläschenförmiges Gebilde
beschrieben, das grösser als der Embryo, sich über das Kopfende desselben hinauslagert und mit dem Amnion locker verklebt ist. Die Nabelblase hat eine weissliche Farbe, ist mit
einer in Weingeist sich nicht trübenden Flüssigkeit gefüllt und
ohne deutliche Blutgefässe. Von der Vesicula umbilicalis geht
ein Kanal auf die Vesicula erythroides über. Die „Därme"
lässt Pockels zum Theil aus der Vesicula erythroides
entstehen.

Abgesehen von einigen zutreffenden Bemerkungen über
die Kennzeichen missbildeter Früchte bewegt sich alles weitere
auf dem Gebiet der Hypothese oder ist auf missverstandene
Auffassung früherer Publicationen zurückzuführen. So beruht
die Ansicht von der Entstehung des Darmes aus der Vesicula
erythroides auf einer Verwechselung der beiden mit dem Embryo in Verbindung stehenden Blasen. Oken[1] hatte das „Gesetz" aufgestellt, dass die Därme aus der Tunica erythroides
ihren Ursprung nehmen. Dieses „Gesetz" bestätigt Pockels,
übersieht aber dabei, dass die Oken'sche Tunica erythroides mit
der Nabelblase identisch ist, während er diese Bezeichnung für

[1] Oken und Kieser, a. a. O. Seite 29.

eine zweite mit dem Embryo in Verbindung stehende Blase
anwendet.

Es ist daher bei Pockels Beobachtung und Reflexion
scharf zu trennen. Letztere ist ohne jeden Werth, erstere verdient dagegen um so mehr Beachtung, als sich bei Durchsicht der Literatur ergeben hat, dass zwei geschulte Embryologen
die Präparate von Pockels ebenfalls untersucht und den thatsächlichen Befund bestätigt haben. Diese Bestätigung ist um
so werthvoller, als die betreffenden Forscher (Seiler und
Allen Thomson) nicht auf dem Standpunkt Pockels' standen und daher mit einer gewissen, den Anschauungen Pockels'
nicht günstigen Voreingenommenheit an die Untersuchung heran-
gingen.

Ob die beiden Forscher die Ovula Pockels' von ihrem
Standpunkte aus für normal oder abnorm hielten, kommt zunächst nicht in Betracht, es ist nur von Wichtigkeit, zu constatiren, dass der objektive Befund von zwei berufenen, einwandfreien Zeugen sicher gestellt worden ist.

Allen Thomson[1] sagt:

„Pockels beschreibt auch noch Eier von 10 und 12 Tagen
nach der Conception; aber es scheint mir klar aus seinen
vortrefflichen Zeichnungen hervorzugehen, dass
einige dieser sehr jungen Eier eine abnorme Beschaffenheit
haben und dass andere einer späteren Zeit angehören, eine
Ansicht, die durch Betrachtung der Präparate im
Jahre 1831 mir bestätigt worden ist. Die Theorie, dass das
Amnion sich als grosse, mit dem Embryo nicht verbundene
Blase entwickele, in welche der Embryo hineinsinke, widerspricht der Analogie bei allen Thieren u. s. w."

---

[1] Allen Thomson, Contributions to the History of the Structure of the
human ovum et. Edinburgh. Med. and Surg. Journal. 1839. Bd. LII pag. 119.
Ueber Froriep Notizen Bd. 13. Seite 192.

Seiler,[1]) der die Allantois des Menschen als grosse zwischen Amnion und Chorion gelegene und mit diesen beiden Eihäuten verwachsene Blase ansieht, die mit „eiweissstoffiger Flüssigkeit" gefüllt ist, hat eine noch eingehendere Untersuchung des hier vorzugsweise in Betracht kommenden Präparates vorgenommen. Das Ovulum wurde ihm mit Pockels' Zustimmung von E. H. Weber in Leipzig zur Untersuchung übergeben.

Obgleich nun Seiler angiebt, dass er sich nicht für berechtigt gehalten habe, an dem ihm leihweise überlassenen Präparate die Lage der Theile zu ändern oder sie von einander zu trennen, so publicirt er doch eine neue Zeichnung dieses wichtigsten Eies von Pockels in einmaliger Vergrösserung, die mit der Pockels'schen, auch hinsichtlich der Maasse, vollkommen übereinstimmt.

Pockels hat eine Zeichnung des Eies, „das zwischen dem 5.—9. Tage nach der Befruchtung ausgestossen wurde", in natürlicher Grösse mitgetheilt. Eine an derselben vorgenommene Messung. ergiebt folgende Werthe: Breite und Länge des Chorions 2,4 cm., Breite und Länge des Amnions 0,8 cm. (Beide Eihäute sind aufgeschnitten und ausgebreitet.) Länge des Embryos 0,2 cm., Länge der Vesicula erythroides 0,4 cm., Breite der Nabelblase 0,15 cm. Nach der Seiler'schen Zeichnung, die, wie gesagt, in einmaliger Vergrösserung ausgeführt ist, beträgt das Chorion 5,0 cm., das Amnion 1,15 : 1,4 cm.; Länge der Vesicula erythroides 0,75 cm., Länge des Embryos 0,35 cm., Ausdehnung der Nabelblase 0,3 : 0,3 cm.

Auch Seiler hält dieses Ei für nicht normal. Er sagt:[2]) „Es ist das Ei, welches ich gesehen habe, aber offenbar krankhaft; das Chorion ist verdichtet, die Flocken sind verkümmert,

---

[1]) D. Burkhard Wilhelm Seiler, Die Gebärmutter und das Ei des Menschen in den ersten Schwangerschaftsmonaten nach der Natur dargestellt. Dresden 1832.

[2]) Seiler, a. a. O. Erläuterung zu den Figuren VII und VIII.

die Höhle zwischen Chorion und Amnion zu gross, und der
Embryo wahrscheinlich zu klein." Der objektive Befund wird
aber auch von ihm bestätigt. Da jedoch, wie Seiler argu-
mentirt, ausser dem Nabelbläschen und der Allantois (d. h. der
von Seiler dafür angesehenen Membrana media) kein drittes
mit der Unterleibshöhle in Verbindung stehendes Bläschen
vorhanden sein kann, „so muss die von Pockels beschriebene
Vesicula erythroides wohl ein Gebilde sein, welches nicht immer
vorkommt, vielleicht eine Hydatide oder die in ihrer Entwickelung gehemmte Allantois."

Endlich ist noch anzuführen, dass auch Johannes Müller [1]
die Beobachtungen von Pockels als besonders beachtenswerth bezeichnet. Nach diesem Autor giebt es „nur zwei
zuverlässigere Beobachtungen (die Allantois betreffend) aus früher
Zeit, nämlich die von Meckel und Pockels."

Kann somit über die Richtigkeit des thatsächlichen Befundes kein Zweifel obwalten, so muss andererseits zugegeben
werden, dass die Eier von Pockels zweifellos krankhaft verändert waren. Es fragt sich nur, ob diese Veränderungen
derartige sind, dass überhaupt keine Schlüsse aus dem Befunde
gezogen werden dürfen.

Zu einer solchen Annahme liegt kein Grund vor. Es wird
von dem Beobachter und zwei einwandfreien Zeugen dargethan,
dass neben der Nabelblase noch ein zweites, ausserhalb des
Amnions liegendes, langgezogenes, birnförmiges Bläschen vorhanden ist, das mit seinem schmäleren Ende aus der ventralen
Wand des Embryos, distalwärts von der Insertion der Nabelblase entspringt, und an dieser feststehenden Thatsache wird
nichts geändert, wenn auch Eihäute und Embryo Verände-

---

[1] Johannes Müller, Zergliederungen menschlicher Embryonen aus
früherer Zeit der Entwickelung. — Archiv für Anatomie und Physiologie von
J. F. Meckel. Jahrg. 1830. Seite 423.

rungen aufweisen, von denen es nicht einmal ausgemacht ist, ob sie nicht erst nach dem Absterben des letzteren eingetreten sind.

Die Deutung dieses zweiten blasenförmigen Gebildes kann aber keinem Zweifel unterliegen. Schon Coste[1]) hat den Beweis erbracht, dass die von Pockels als Vesicula erythroides bezeichnete Blase nichts anderes als die Allantois ist, und Baer bestätigt diese Ansicht, indem er sagt[2]): „Man könnte dieses Bläschen (die Allantois) gewissermaassen neu nennen, indessen ist es in sehr frischem Zustande allerdings von Pockels abgebildet und als Erythrois beschrieben worden."

Aber auch für das Vorhandensein des Hautstiels ergeben sich Anhaltspunkte. Sowohl in der angeblich zwischen dem 5. und 9. Tage (Pockels Tafel XII, Fig. 4, 6, 8), als auch in der zwischen dem 16. und 20. Tage nach der Befruchtung ausgestossenen Frucht (Pockels Tafel XIII, Fig. 3) liegt der Embryo nicht frei in der Chorionhöhle, sondern ist mittelbar durch das Amnion mit dem Chorion verbunden. Pockels sagt in Bezug hierauf: „Das Amnion ist gewöhnlich mit seinem birnförmigen Stiel an das Chorion befestigt." In Fig. 6 entspricht der birnförmige Stiel des Amnions der Vesicula erythroides, d. h. der Stiel erstreckt sich über das Ende der Blase hinaus und befestigt sich an das Chorion, ein Verhalten, das sofort verständlich erscheint, wenn man annimmt, dass neben der Allantois ein Hautstiel vorhanden war, der Embryo und Chorion verband und dem Amnion aufgelagert sein musste, da letzteres bereits weit von dem Embryo abstand.

---

[1]) M. Coste, Embryogénie comparée. Paris 1837.

[2]) Karl Ernst v. Baer, Ueber Entwickelungsgeschichte der Thiere. Bd. 2. Seite 276.

# Johannes Müller, 1830.[1])

In einer Arbeit, die vorher in lateinischer Sprache in einer Gelegenheitsschrift[2]) erschienen war, berichtet Johannes Müller über 3 Embryonen, von denen er den einen auf 4, die beiden anderen auf 6 Wochen schätzt.

Sind auch die Ovula in der Entwickelung viel zu weit vorgeschritten, um über die Allantoisfrage direkten Aufschluss geben zu können, so sind die beiden letzten Beobachtungen doch nicht unwichtig, einerseits wegen des Verhaltens der Nabelschnur und des Amnions, andererseits wegen der von Johannes Müller an sie geknüpften Bemerkungen.

Beobachtung II. Das Ovulum stammt aus der 6. Woche der Schwangerschaft. Der Embryo, $^7/_{12}$ Zoll lang, vom Amnion umschlossen, ist durch einen kurzen, dicken Nabelstrang mit dem Chorion verbunden. Zwischen Amnion und Chorion ist ein grosser Zwischenraum (Amnion steht aber nach der Zeichnung weit vom Embryo ab). Die in dem Zwischenraum befindliche gallertige Substanz beschreibt Johannes Müller als ein mit Filamenten und Fäden durchzogenes häutiges Gewebe, hebt aber hervor, dass diese Gallerte nicht in einem besonderen Säckchen eingeschlossen sei. Er weist daher die Ansicht, dass diese Flüssigkeit den Liquor allantoidis darstelle, zurück. Hinsichtlich der Allantois schliesst er sich vielmehr der Ansicht von Pockels an, dessen Beobachtungen er als „höchst merkwürdig und beachtenswerth" bezeichnet.

Beim tieferen Einsinken des Embryos in das Amnion zieht sich die Allantois in die vom Amnion gebildete Scheide des

---

[1]) Johannes Müller, Zergliederungen menschlicher Embryonen aus früherer Zeit der Entwickelung; Archiv für Anatomie und Physiologie von J. F. Meckel. Jahrgang 1830. Seite 411.

[2]) De ovo humano atque embryone observationes anatomicae etc. Bonnae 1830.

Nabelstranges zurück. In der 3. Woche hat sich dieser Process bereits vollzogen; um diese Zeit ist daher die Allantois nicht mehr auf dem Amnion liegend zu finden. Dagegen sieht man öfter, wie Johannes Müller weiter bemerkt, noch in der 4. oder 5. Woche neben der Insertion der Nabelschnur das breite Ende der Allantois als weiches Blättchen liegen und in dieselbe übergehen.

Zur Bekräftigung dieser Anschauung theilt Johannes Müller eine eigene Beobachtung mit, die sich mit derjenigen von Pockels deckt. Diese Beobachtung wird jedoch nur aus der Erinnerung angeführt; da Aufzeichnungen damals nicht gemacht wurden, will Johannes Müller ihr auch keinen entscheidenden Werth beilegen. Er sagt:[1]

„Ich muss hier auch bemerken, dass ich, wie Pockels, einmal bei einem sehr jungen Embryo neben dem mit verhärteter weisser Materie gefüllten Nabelbläschen noch ein anderes, abgeplattetes, ebenfalls mit harter Materie gefülltes Bläschen zwischen Chorion und Amnion, dicht am Nabelstrange liegen sah. Doch hielt ich es damals für ein Concrementum und will auch jetzt noch nicht behaupten, dass es etwas anderes gewesen sei, da, wie schon bemerkt, es sich lediglich um eine Beobachtung aus der Erinnerung handelt.“

Ferner hebt aber Johannes Müller hervor, dass bei Embryonen von der 4. bis 6. Woche die Vagina funiculi umbilicalis in der Mitte oft eine Anschwellung zeige, „als wenn sie in ihrem Inneren noch ein Bläschen enthielte.“

Diese bläschenartige Hervorragung an der Nabelschnurscheide hat Johannes Müller an 2 jungen Eiern der Bonner anat. Sammlung gefunden und auch an dem folgenden (unter No. III beschriebenen) Ei nachgewiesen; auch führt er Meckel und Albini als Gewährsmänner an.

---

[1] A. a. O. Seite 426.

Bemerkenswerth ist ferner das Verhalten des Amnions bei diesem Ovulum. Johannes Müller sagt:[1] „Die Scheide des Nabelstranges geht nahe am Chorion in das Amnion über, so zwar, dass das Amnion nicht unmittelbar an der Insertion des Nabelstranges in das Chorion mit dieser Scheide zusammenfliesst, sondern schief den Nabelstrang umfasst," d. h. mit anderen Worten: Das Amnion ist noch nicht soweit vom Embryo abgehoben, dass der „Nabelstrang" in seiner ganzen Länge vom Amnion eingescheidet ist; nahe dem Chorion ist vielmehr ein Stück ohne Scheide und dieses „verbindet sich selbstständig (d. h. ohne Amnionscheide) mit dem Chorion."

An der beigegebenen Figur ist dieser Theil des Nabelstranges, der von der Vagina funiculi nicht umfasst wird, wie ein breites Band (genau wie mein Hautstiel) gezeichnet und stimmt mithin mit meiner Darstellungsweise der Verbindung vollkommen überein.

Nach den früheren Anschauungen könnte allerdings das bandartige Stück, welches den Nabelstrang mit dem Chorion oberhalb der Insertion des Amnions verbindet, auch die äussere Schicht der Allantois sein, welche sich erst an der Spitze des Organs abhebt und das Chorion mit den Nabelgefässen erreicht. Die Gefässe allein sind es sicher nicht, die die Verbindung darstellen. Dies geht aus der Zeichnung Johannes Müller's deutlich hervor.

Beobachtung III.   Der Embryo, an dem Extremitätenrudimente wahrgenommen werden, besitzt eine Länge von 5 Linien. In der Mitte der Nabelscheide befindet sich die bereits erwähnte Verdickung.

Nabelschnurscheide und Amnion verhalten sich genau wie

---

[1] A. a. O.  Seite 426.

bei Fall II. Auch hier steht das Amnion überall noch weit
vom Chorion ab, und trotzdem spricht Johannes Müller von
einer Verwachsung des Amnions mit dem Chorion. Dies ist nur
dann erklärlich, wenn man meine Darstellungsweise (Hautstiel)
adoptirt, falls man nicht die Theorie von der Abhebung des
äusseren Blattes der Allantois als zu Recht bestehend aner-
kennen will.

## Ernst Heinrich Weber, 1832[1]).

Weber berichtet über einen ähnlichen Fall wie Meckel. Nach seiner Beobachtung findet sich in dem grossen Zwischenraum zwischen Amnion und Chorion, der bei frühzeitigen menschlichen Eiern eine eiweissähnliche Flüssigkeit einschliesst, bei krankhaften Eiern eine mit Flüssigkeit gefüllte Blase, welche an dem Nabelstrange, da, wo er zum Amnion heraus kommt, hängt. Weber will sogar bei einem dreimonatlichen Embryo eine solche Blase gefunden haben. Er hält dieselbe für die Allantoisblase, die nur zuweilen sichtbar bleibe.

Können nun auch dieser, sowie der analoge Fall von Meckel keineswegs als Beweisstücke für die Existenz einer in einer früheren Periode nachweisbaren Allantois angesehen werden, so geht doch so viel aus ihnen hervor, dass auch in späteren Entwickelungsperioden eine Blase zwischen Chorion und Amnion vorhanden sein kann, die mit der Membrana intermedia nichts zu thun hat. Denn Weber erwähnt ausdrücklich, dass die fragliche Blase in dem mit eiweissartiger Flüssigkeit ausgefüllten Raum zwischen Amnion und Chorion gelegen und mit dem Nabelstrang in Verbindung gestanden habe. Ist aber die Existenz einer derartigen Blase in späteren Entwickelungsstadien für einzelne Fälle bewiesen, so ist man gezwungen, auch ihr Vorhandensein in den früheren Entwickelungsperioden des Eies anzunehmen, man müsste denn eine nachträgliche Bildung statuiren, was doch zweifellos sehr fern liegt.

---

[1]) Ernst Heinrich Weber, Hildebrandts Anatomie. 4. Auflage. IV. Band. Braunschweig 1832. Seite 509.

# Karl Ernst v. Baer, 1837[1]).

Baer hebt zunächst hervor, dass nur äusserst wenige
Anatomen Gelegenheit gehabt hätten, frühzeitige menschliche
Früchte zu untersuchen, und von diesen seien noch die meisten durch
Abort abgegangen. Letzterer sei aber immer ein krankhafter
Process, der entweder in einem Leiden des Uterus oder in
einer krankhaften Beschaffenheit des Eies seine Ursache habe.
Erst in neuerer Zeit hätten sich die Beobachtungen so gemehrt,
dass allmählich eine normale Entwickelungsgeschichte daraus
gestaltet werden könne.

Der Gefahren also, die der normalen Entwickelungsgeschichte durch die Beobachtung krankhafter Eier erwachsen
können, ist sich Baer vollständig bewusst. „Man wird finden",
sagt er in der Einleitung zu nachstehenden Studien, „dass ich
mancherlei Abweichungen gefunden habe, dass ferner die schon
oft ausgesprochene Meinung, die meisten durch Abort ab-
gegangenen Eier seien nicht regelrecht gebildet, nur zu sehr
begründet ist, und dass eben aus diesem Grunde die normale
Entwickelungsgeschichte der menschlichen Frucht sich nur aus
mannigfacher Vergleichung wird zeichnen lassen."

Hinsichtlich der Allantois unterscheidet Baer eine ältere
und eine neuere Ansicht. Die ältere, die sich auf das Vorkommen von sogenanntem falschen Wasser und auf das Vorhandensein eines Häutchens zwischen Amnion und Chorion
stützt, nahm einen mit Flüssigkeit gefüllten Sack von nicht
unbedeutender Grösse zwischen Amnion und Chorion an, der
sich ziemlich lange erhalten sollte, während die neuere Ansicht,
der auch Baer anfangs huldigte, als Allantois ein dünnhäutiges
Säckchen ansprach, das den Raum zwischen Chorion und Am-

---

[1]) Karl Ernst von Baer, Ueber Entwickelungsgeschichte der Thiere
II. Theil. Königsberg 1837.

nion ausfüllen, aber nur in den ersten Monaten der Schwangerschaft vorhanden sein sollte.

Zu diesen Ansichten bemerkt Baer, dass allerdings zwischen
Amnion und Chorion etwas vorhanden sei, das weder zum
Chorion noch zum Amnion gehöre. In manchen Fällen lasse sich
eine dicke Substanz constatiren, deren Oberfläche mit einem
milchweissen, blutleeren Häutchen überzogen sei, deren Inneres
aus unregelmässigen Blättchen und Fädchen gebildet würde;
in anderen Fällen ein continuirliches Blatt, das jedoch nach
seinen Beobachtungen niemals einen wirklichen Sack bilde.

Als den Wendepunkt seiner Untersuchungen bezeichnet der
genannte Autor das Auffinden des wirklichen Harnsackes[1]) in
Gestalt eines ganz kleinen, flach gedrückten Bläschens, das sich
zwischen Amnion und Chorion dicht an der Einsenkung des
Nabelstranges befindet und mit einem Gange innerhalb des
letzteren mehr oder weniger communicirt. Das Bläschen ist
viel zu klein, um den 10., ja nur den 20. Theil des Raumes
zwischen Amnion und Chorion auszufüllen. Zum Beweise, dass
dasselbe wirklich der Harnsack ist, führt Baer die von ihm
festgestellte Thatsache an, dass die Gefässe, die zum Chorion
gelangen, an seinem Stiele fortlaufen, und dass dieser Stiel sich
in die Cloake einsenkt, oder, wie sich Baer an anderer Stelle
ausdrückt, dass das Bläschen „aus dem hintersten Ende des
verdauenden Kanales hervortritt." Dieses Bläschen hält Baer

---

[1]) Baer spricht sich im ersten Band seiner Entwickelungsgeschichte gegen
die Bezeichnung „Allantois" aus. Der Name Allantois oder vielmehr Membrana
allantoides rühre von der Gestalt (wurstförmig) her, die das Organ nur bei den
Hufthieren wirklich besitze. Bei diesen passe die Bezeichnung und nur für diese
sei der Ausdruck erfunden. Da das Organ mit den Harnwegen in Verbindung
stehe und Flüssigkeit enthalte, die harnstoffhaltig sei, so sei das Gebilde als eine
ausserhalb der Leibeshöhle liegende Harnblase aufzufassen. Baer wählt daher
den Namen Harnsack, da die Bezeichnung Harnblase bereits vergeben sei und
hält dieselbe auch gegen Carus aufrecht, der diese Bezeichnung „widerwärtig"
findet.

für identisch mit dem Gebilde, das in seinem früheren Zustande
von Pockels als Erythrois und von Seiler als Allantois beschrieben und abgebildet worden ist.

Baer wirft nun weiter die Fragen auf, ob das Bläschen
der gesammte Harnsack oder nur die innere Schleimhaut desselben sei, und wie die Blutgefässe an die äussere Eihaut
gelangen. Dass letztere anfangs gefässlos sei, hält er für fest-
stehend; unter Anderem führt er eine eigene Beobachtung an,
die für die nachträgliche Vascularisation spricht.

Dieselbe betrifft ein menschliches Ei[1]) von 14 Tagen, das
am Tage vor der Ausstossung abgestorben und gleich nach
derselben von Baer untersucht worden war. Es fanden sich
in der äusseren Eihaut keine Blutgefässe. Da der Harnsack
bereits hervorgebrochen war, so schliesst Baer, dass in dem
Embryo schon Gefässe vorhanden waren, die aber durch das
eintägige Verweilen desselben in dem Uterus unkenntlich geworden.

Hinsichtlich der Vascularisation der äusseren Eihaut giebt
es nach Baer, wie in der Einleitung schon kurz hervorgehoben,
zwei Möglichkeiten. Entweder spaltet sich der Harnsack in
zwei getrennte Säcke, und das Gefässblatt oder der äussere
Sack legt sich an die äussere Eihaut und in grösserem oder
geringerem Umfang auch an das Amnion an, oder der Harnsack spaltet sich nicht in zwei Blätter, sondern die Gefässe
wuchern, sobald ersterer die äussere Eihaut erreicht hat, in
diese hinein, und der Harnsack bleibt als nunmehr überflüssiges
Gebilde auf der einmal erlangten Entwickelungsstufe stehen
oder fällt der Rückbildung anheim.

Für beide Möglichkeiten finden sich Analogien bei den
Säugethieren. Eine bestimmte Entscheidung wagt Baer
nicht zu treffen, doch lassen sich nach seiner Ansicht ver-

---

[1]) No. II der Studien.

schiedene Punkte zu Gunsten der zweiten Alternative geltend
machen. So hatte bis dahin noch kein Beobachter das zwischen
Amnion und äusserer Eihaut liegende Häutchen als deutlich
sackförmig und als dem Chorion und Amnion anliegend erkannt;
ferner war es niemals gelungen, auf dem Amnion Gefässe zu
entdecken. Dies müsste aber doch der Fall sein, wenn das
Gefässblatt als geschlossener, gefässhaltiger Sack in grösserem
oder geringerem Umfange mit dem Amnion in Berührung
käme. Allerdings ist die Möglichkeit denkbar (umsomehr, als
sich nach Baer Analogien bei den Säugethieren finden), dass
der Theil des Sackes, der nicht unmittelbar die äussere Eihaut
umgiebt, sich rasch auflöst, und somit die Gefässe schwinden;
doch würde dann wenigstens ganz vorübergehend ein gefäss-
haltiges Amnion gefunden werden müssen.

Sucht man nun festzustellen, auf welches Material Baer
diese Angaben über die Allantois stützt, so ergiebt sich die
Thatsache, dass von dem Hinweis auf einige fremde Fälle
abgesehen, der zweite Band seiner Entwickelungsgeschichte
keine einzige eigene Beobachtung enthält. Die Schilderung der
Entwickelungsvorgänge ist vielmehr basirt auf ein Beobachtungsmaterial, das in den „Studien zur Entwickelungsgeschichte
des Menschen" niedergelegt ist.

Aus diesen Studien ist nur eine einzige Beobachtung [1] im
Auszuge von Baer veröffentlicht worden, und gerade diese betrifft
unglücklicherweise ein Monstrum, das Baer zur Demonstration
des Harnsackes absichtlich wählte, weil nach seiner Angabe
in normalen Fällen der Harnsack schrumpft, sobald die Gefässe

---

[1] K. E. v. Baer, Beobachtungen aus der Entwickelungsgeschichte des Men-
schen. Elias von Siebold's Journal für Geburtshülfe, Frauenzimmer- und
Kinderkrankheiten, herausgegeben von Ed. Casp. Jacob von Siebold.
XIV. Band, III. Stück. Leipzig 1835.

Dieselbe Beobachtung ist unter No. IV der „Studien" beschrieben.

die äussere Eihaut erreicht haben. Hierin mag es begründet sein, dass die Anschauungen Baer's nicht diejenige Beachtung fanden, die ihnen bei der Bedeutung des Forschers gebührt hätte.

Baer beabsichtigte diese Studien, auf die an zahlreichen Stellen verwiesen wird, dem zweiten Bande seiner Entwickelungsgeschichte anzufügen. Leider ist es hierzu nicht gekommen. Die Verleger, Gebrüder Bornträger in Königsberg, mussten sich nach langem vergeblichen Bemühen, in den Besitz dieses Manuscriptes zu gelangen, entschliessen, den Band, so wie er vorlag, im Jahre 1837 auszugeben.

Was den Forscher veranlasst haben kann, mit dem Abschluss des Bandes zurückzuhalten, ist schwer zu sagen, um so mehr, als die „Studien" fertig vorliegen mussten, wenn anders die zahlreichen Hinweise im zweiten Bande verständlich sein sollten.

Letztere Annahme erwies sich in der That als zutreffend. Bei der Durchsicht der Biographie Baer's von Stieda[1]) fand ich die Angabe, dass sich das fertige Manuscript in dem Nachlasse Baer's gefunden habe. Nun waren aber seit dem Erscheinen dieser Biographie bereits mehrere Jahre hingegangen; es schien mir daher zunächst wenig Aussicht vorhanden zu sein, in den Besitz des Manuscriptes zu gelangen. Trotzdem entschloss ich mich, den Versuch zu machen und wandte mich im Oktober 1885 an Stieda. Bald darauf erhielt ich aus Dorpat Nachricht, welche Nachforschungen in Aussicht stellte, und im März 1886 die erfreuliche Mittheilung, dass das Manuscript gefunden sei.

Wenn ich nun in der Lage war, das Manuscript, das mir inzwischen auch nach Greifswald anvertraut worden war, in

---

[1]) L. Stieda, K. E. von Baer, eine biographische Skizze. Braunschweig 1878.

dieser Arbeit zu verwerthen, so verdanke ich dies der grossen Liebenswürdigkeit des Herrn Professor S t i e d a , für welche ich ihm an anderer Stelle bereits meinen Dank ausgesprochen habe.[1]

In diesen Studien beabsichtigte B a e r durch ausführliche Beschreibung der von ihm untersuchten Früchte und sorgfältige Zusammenstellung der ermittelten Thatsachen in einem besonderen Schlusscapitel Material zu allgemeinen Resultaten zu schaffen. Gleichzeitig sollte durch ein solches Verfahren der Fehler vermieden werden, dass besondere Verhältnisse eines einzelnen Eies für allgemeingültige angesehen würden.

Leider ist aber die Ausführung dieses Planes in der ursprünglich beabsichtigten Ausdehnung unterblieben. Trotzdem ist der letzte Abschnitt einer der wichtigsten im Manuscript; ich werde daher, so weit die Allantoisfrage in Betracht kommt, möglichst ausführlich referiren und an besonders wichtigen Stellen den Autor wörtlich citiren.

Die Objekte stammen in der Mehrzahl aus dem Nachlasse des Professor S e n ff in Halle, zum kleineren Theil von Aerzten in Königsberg. Erstere waren sämmtlich in Weingeist conservirt, letztere wurden hingegen frisch untersucht.

## Baer's Studien zur Entwickelungsgeschichte des Menschen.
### No. I.

Betrifft die Untersuchung einer Person, die acht Tage nach stattgefundener Cohabitation sich entleibte.

### No. II.

Die Beobachtung bezieht sich auf das im II. Band der Entwickelungsgeschichte viel erwähnte Ei von 14 Tagen, dessen

---

[1] Herr Professor S t i e d a hat sich auch den Dank weiterer Kreise dadurch verdient, dass er sich auf meine Bitte entschlossen hat, das Manuscript, das über ein halbes Jahrhundert geruht hat (die meisten Beobachtungen stammen aus dem Jahre 1823), in Druck zu geben. Dasselbe enthält auch die bis jetzt fehlenden Erklärungen zu den Abbildungen, so dass der II. Band von B a e r's Entwickelungsgeschichte in Bälde vollständig vorliegen wird.

Beschreibung ich der Wichtigkeit des Objektes wegen hier
wörtlich folgen lasse :

„Später, als die übrigen Beobachtungen angestellt wurden,
und nachdem leider schon die Kupfertafeln gestochen waren,
hatte ich Gelegenheit, ein für mich sehr belehrendes Ei zu
untersuchen. Da es sich zunächst an ein von Pockels beschriebenes Ei anschliesst, so werde ich mich verständlich
machen können, wenn ich mich auf dessen Abbildung berufe.

Es kam von einer Frau, welche das Alter mit Angabe
aller Umstände genau auf 14 Tage bestimmte. Da hier keine
aussereheliche Schwangerschaft gewesen, so war kein Grund,
an der Wahrheit zu zweifeln. Dieselbe Frau hatte schon mehrmals Aborte gehabt, und der jetzige war die Folge eines heftigen Schreckes, den sie am Tage zuvor erlitten hatte.

Auch dieser Umstand ist nicht unwichtig, denn zuvörderst
lehrt er, dass das Alter des Eies nur zwischen 14 und 13 Tagen
schwanken kann, und da eine Gemüthsaffection Grund des Ab-
ganges gewesen war, so lässt sich annehmen, das Ei sei normal gebildet gewesen. Bei denjenigen Aborten nämlich, welche
keine äusserliche Veranlassung gehabt zu haben scheinen, giebt
die monströse Beschaffenheit des Eies selbst den Grund zur
Lösung desselben.

Die Decidua war sehr verletzt.

Das Ei hatte nur wenig über 3 Linien im Durchmesser
und war mit schwachen Zotten besetzt. Von Aussen war kein
Embryo kenntlich.

Nach Eröffnung des Eies fand sich, dass zwei Blasen in
einander steckten und zwar so, dass die innere nicht viel kleiner
war als die äussere. Zwischen beiden Häuten lag das Rudiment eines kleinen Embryos in Form eines offenen Bootes, ungefähr von der Gestalt, wie ihn Pockels in der Isis 1825,
Tabul. XII, Fig. 1 abbildet und etwa $2/3$ Linien lang. Die gesammte Form lehrte, dass der Rücken gebildet, der Bauch

aber noch weit offen war. Neben dem Embryo war ein keulenförmiges Bläschen kenntlich, von der Gestalt, die
Pockels der von ihm sogenannten Erythrois giebt, doch viel
kleiner, nur halb so lang als der Embryo. Diese
keulenförmige Blase werde ich fortan Harnsack
nennen. Eine vierte, kugelige Blase, wie Pockels sie abbildet, und
die er Nabelblase nennt, habe ich nicht sehen können. Der Embryo war durchaus nicht beweglich, sondern, wie sich durch
nähere Untersuchung ergab, von einer Haut ziemlich eng um-
wickelt, die sich fest an die äussere Eihaut anheftete. Zwischen
dem Embryo und dieser Umhüllung war wenig Raum.

Ich kann nun nicht umhin, den äusseren der allgemeinen
Säcke für die äussere Eihaut oder die Haut zu halten, die
Chorion wird, wenn sie Blut erhält. Ueberhaupt konnte ich
kein Blut erkennen, obgleich es mir wahrscheinlich ist, dass
die Blutbildung begonnen hatte, da der Harnsack hervorgetreten war. Den inneren Sack halte ich ungeachtet seiner
Grösse für den Dottersack oder die Nabelblase. Zwar muss
ich gestehen, dass mir der Zusammenhang dieses Sackes mit
dem Embryo nicht ganz klar wurde. Diese Unklarheit schreibe
ich aber dem Umstande zu, dass der Embryo sich schon etwas
gedreht hatte und seine nächste Umhüllung ihn so fest hielt,
dass ich nicht ohne Zerstörung zu ihm gelangen konnte. Allein
diese Umhüllung, die von dem Dottersacke abging und dem
Embryo gegenüber fest am Dottersacke haftete, über dem Embryo aber ebenso fest an der äusseren Eihaut hing, konnte ich
für nichts als die seröse Hülle halten. In dieser erst steckte
das Amnion in Form einer dem Embryo ganz eng anliegenden
Hülle. Ist die Deutung der serösen Hülle richtig und an dieser
kann ich nicht zweifeln, so folgt die Deutung des Dottersackes
von selbst daraus.

Man ersieht leicht, dass ich nun auch den Sack, welchen
Pockels Amnion nennt, für den Dottersack halte. Auffallend

ist mir aber, dass es in diesem Ei so weit von der äusseren Eihaut abstand, in dem von mir untersuchten aber so wenig."

## No. III.
## Dreiwöchentliche Frucht. [1]

Dieselbe stammt aus der anatomischen Sammlung in Königsberg. Das Ei [2] ist von der Decidua vera (externa, Baer) und Decidua reflexa umgeben. Die Maasse sind folgende: Länge der Decidua vera 1 Zoll 10¹/₂ Linien; Länge des Eies (mit Decidua reflexa) 9¹/₂ Linien, Breite desselben 7¹/₂ Linien.

Chorion und Amnion sind bereits eröffnet. Durch die Oeffnung sieht man den Embryo frei an einer kurzen Anheftung hängen.

Nach eingehender Schilderung der Decidua vera und reflexa wendet sich Baer zum Chorion. An diesem sind keine Gefässe wahrnehmbar. Es stellt einen einfachen geschlossenen Sack dar, der nirgends in unmittelbarem Zusammenhang mit dem Embryo steht. Die äussere Fläche ist mit Zotten besetzt, die eine Länge von 2—4, einzelne bis 5 Linien aufweisen. Die dünne, aber feste Haut scheint makroskopisch aus einer einfachen Lage zu bestehen, mikroskopisch lassen sich aber zwei Blätter von verschiedenem Bau unterscheiden, zu welchen sich an den Zotten tragenden Stellen noch eine mittlere Schicht gesellt.

Zwischen Chorion und Amnion ist ein sehr zartes Gewebe vorhanden (Membrana media), das der inneren Fläche des Chorions nicht angeheftet ist.

Das Amnion stellt eine im Verhältniss zum Embryo sehr weite Blase dar, die nach unten, ebenso wie in dem Pockels'-

---

[1] Baer hebt besonders hervor, dass die Altersangabe in den Studien, mit Ausnahme von No. I und II nur auf ungefährer Schätzung beruhe.

[2] Die zugehörigen Zeichnungen finden sich auf Tafel VI, Fig. 5—14 in K. E. von Baer's Entwickelungsgeschichte der Thiere. Band II.

schen Falle, in eine verdickte, undurchsichtige Spitze ausläuft. Es steht vom Chorion überall ab mit Ausnahme einer Stelle, an welcher die Verbindung beider so innig ist, dass bei der Lösung eine Zerreissung eintrat. Trotz des Abstehens ist das Amnion mit dem Chorion durch 3 hautartige Brücken verbunden, die ziemlich fest sind und sich durch diese Eigenschaft namentlich von der oben genannten Membrana media unterscheiden. Die Verbindung zwischen Amnion und Embryo[1] ist leider durch den Schnitt, durch welchen Baer das erstere schon geöffnet vorfand, grösstentheils zerstört. Dieselbe lässt sich jedoch reconstruiren. Sie stellt einen Trichter dar, an welchem der Embryo so befestigt ist, dass er, mit dem Kopf nach unten hängend, seine ventrale Seite dem Beschauer zukehrt. Der Rand des Trichters geht unmittelbar in das Amnion über. Durch diesen Trichter stehen 2 blasenartige Gebilde mit dem Embryo in Verbindung. Das eine, das Nabelbläschen, liegt links vom Embryo auf dem Amnion. Es stellt ein längliches, zusammengedrücktes, nach dem Embryo hin zugespitztes Bläschen dar. Durch Druck lassen sich innerhalb desselben in Flüssigkeit schwimmende Kügelchen nachweisen, die auch in dem engen Kanal vorhanden sind, der von der Nabelblase nach dem Trichter resp. Embryo führt (Ductus vitello-intestinalis). Die Nabelblase ist auffallend klein, sie misst in der Länge kaum 1 Linie, in der Breite noch bedeutend weniger.

Das zweite Gebilde ist der Harnsack. Er liegt rechts von dem Embryo und stellt eine keulenförmige Blase dar. Vor Lostrennung des Amnions ist nur der Anfangs- (proximale) Theil sichtbar, das distale Ende liegt zwischen Amnion und Chorion und zwar an der bereits erwähnten Stelle,

---

[1] Tafel VI Fig. 5 des II. Bandes von Baer's Entwickelungsgeschichte.

wo beide Eihäute mit einander verwachsen sind. Bei dem Versuche, an dieser Stelle Amnion und Chorion zu trennen, riss die Wandung der Blase an einer Seite ein.

Da gerade an dieser Stelle das Gebilde eine rechtwinkelige Biegung macht, so nennt Baer den Anfangstheil, der von dem Schnittrande des Amnions bis zur winkeligen Abbiegung geht und frei auf dem Amnion aufliegt, Stiel des Harnsackes, während er den übrigen Theil des Gebildes, der zwischen Amnion und Chorion eingelagert ist und erst nach Ablösung des Chorions sichtbar wird, als eigentlichen Harnsack bezeichnet.

Wie schon hervorgehoben, ist die Schnittführung, durch welche Baer das Amnion geöffnet fand, sehr ungünstig. Durch dieselbe ist rechts die Insertion des Amnions am Embryo vollständig getrennt; es war also auch die unmittelbare Verbindung des Harnsackes mit dem Embryo nicht mehr zu demonstriren. Der Stiel lässt sich jedoch bis zum Schnitt des Amnions verfolgen, so dass bei der Reconstruction des Trichters über den ursprünglichen Zusammenhang des Harnsackes mit dem Embryo kein Zweifel obwalten kann.

Die Länge des Harnsackes ist beträchtlich, sie beträgt etwa 3 Linien. Seine Wandungen bestehen aus einer weichen, aber ziemlich dicken Haut. Im Inneren ist eine deutliche Höhlung, in die sich von der Rissstelle aus eine Borste einführen lässt. In derselben befindet sich noch etwas geronnene Sulze.

Der Stiel der Allantois, der den dünneren Anfangstheil des Harnsackes repräsentirt, ist in seiner Dickendimension deutlich auf dem Durchschnitt zu erkennen. Er besteht aus 2 Blättern, einem dunkeleren, dickeren inneren und einem helleren äusseren. Es geht dies einmal aus den helleren Rändern des Stieles, dann aber und zwar noch deutlicher aus dem Durchschnitt hervor. Auf dem Stiele verlaufen 2 Gefässe; dieselben sind äusserst zart und wenig ausgebildet und gehen nicht auf die eigentliche Allantois über,

sondern verlassen den Stiel an der erwähnten rechtwinkeligen Biegung, um direkt auf das Chorion überzugehen. Baer schliesst hieran die Bemerkung, dass es mithin ausserordentlich wahrscheinlich sei, dass auch für den
Menschen der Harnsack den Weg darstelle, auf welchem das
Chorion sein Blut von dem Embryo erhalte, dass aber hier
nicht der Körper des Sackes, sondern nur sein
dünner Anfangstheil, den er als Stiel bezeichnet, diesem
Zweck diene.

Auch in dem Körper der Allantois hat Baer äusserst zarte,
wenig ausgebildete Fäden von nur einer Reihe Kügelchen gebildet gesehen, die in dem abgekehrten Theile der Wand ver-
liefen. Von diesen Streifen glaubt Baer, dass sie vielleicht
ebenfalls Gefässe waren. Im Falle sich dieses bewahrheitete
(nach einer Versicherung Baer's an anderer Stelle ist dies in
der That der Fall gewesen), würden beim Menschen im Harnsack Gefässe vorkommen, die mit der Vascularisation des Chorions nichts zu thun haben.

Den keulenförmigen Sack hält Baer für identisch mit
dem Bläschen, das Pockels als Vesicula erythroides beschrieben hat.

Der Embryo besitzt eine Länge von 1½ Linien; die Circumferenz der Rückenlinie beträgt 2½ Linien. Der Körper zeigt
eine starke Krümmung, besonders an seinem hinteren Ende,
die, wie Baer für wahrscheinlich hält, durch die Spannung des
in die Haut des Embryos übergehenden Trichters nach dem
Absterben noch vermehrt wurde. Die vordere Partie war
weniger stark gekrümmt. Da aber die Bauchwand verletzt
war, so kann auch diese geringe Krümmung nach Baer's
Meinung vielleicht ebenfalls nicht natürlich sein.

Das Medullarrohr ist geschlossen, der Nackenhöcker angedeutet, wenn auch noch nicht sehr stark hervortretend, Auge
und Ohr sind kaum kenntlich. Am Kopfende tritt die Blase

für die Vierhügel stark hervor. Die Seitenfurche, die Rücken-
und Bauchplatten von einander trennt, ist sehr deutlich und
besonders tief. An der Bauchseite befinden sich 2 Hervor-
ragungen, die Baer anfangs für Herz und Leber hielt. Es
stellte sich aber nach Wegnahme der bedeckenden Hautschicht
heraus, dass die vordere Hervorragung durch die beiden vorderen, durch eine äussere Spalte noch nicht getrennten Kiemenbogen, die hintere durch das Herz gebildet wurde. Der Darmkanal und seine Beziehungen zur Nabelblase und dem Harnsack waren durch das Abreissen des mehrerwähnten Trichters
aus ihrer natürlichen Lage gerathen und verursachten dadurch
einer nachträglichen Deutung Schwierigkeiten. Nur durch Abtrennung dieses Trichters wäre es möglich gewesen, zu erkennen, ob noch eine Spur des Ueberganges des Stiels des
Harnsackes in die Cloake vorhanden war.

Extremitäten waren noch nicht angelegt. Das Alter des
Embryos giebt Baer auf ungefähr drei Wochen an. In seiner
Entwickelung ist er mehr vorgeschritten, als der von Pockels
Taf. XIII, Fig. 1—3 abgebildete, der zwischen dem 16. und
20. Tage nach der Empfängniss ausgestossen sein soll.

Der Embryo ist aufbewahrt und der Königsberger Sammlung unter No. 746 einverleibt.

## No. IV.

Die Frucht stammt aus der dritten Woche der Schwangerschaft.[1] Auch sie war bereits von dem früheren Besitzer, Professor Senff, eröffnet. Die Decidua vera, die vollständig erhalten zu sein scheint, hatte eine Länge von $1^1/_2$ Zoll; ihre Breite
war nicht zu bestimmen. Die Decidua reflexa war weggeschnitten
und mit ihr die Spitzen der Zotten der äusseren Eihaut. Leider
sind daher die Zotten nicht genauer untersucht, was in Hin-

---

[1] Taf. VI Fig. 15, 16, 17 des II. Bandes von Baer's Entwickelungsgeschichte.

blick auf die gleich näher zu beschreibende Anomalie der
Allantois von Interesse gewesen wäre. Die äussere Eihaut ist
durch einen Längsschnitt geöffnet. Die abgekehrte Wand
springt in Form zweier Wülste in das Innere des Chorions vor;
zwischen beiden befindet sich eine tiefe Rinne und am oberen
Ende der letzteren ein Bläschen (Amnion) von der Grösse einer
kleinen Erbse. In demselben ist ein Embryo mit einem Anhang enthalten.

Die innere Fläche des Chorions ist mit einem feinen Häutchen locker ausgekleidet, das sich auch an das Amnion anlegt. Wird an dem Häutchen ein Zug ausgeübt, so scheint es
sich in eine Masse verfilzter Fäden aufzulösen.

Das Amnion besitzt an der zugekehrten Fläche einen Ueberzug der Membrana media, an der abgekehrten ist es in geringem Umfang mit dem Chorion fester verbunden.

Im Inneren des Amnions liegt, vollkommen frei beweglich,
der Embryo. Derselbe ist mässig gekrümmt und von kaum 1 Linie
Länge. Auffallend ist seine kurze, gedrungene Gestalt und die
beträchtliche Dickenentwickelung des Leibes in sagittaler Richtung. Am Kopfende ist nur das Vorderhirn besonders entwickelt; hinter demselben tritt die Mundspalte deutlich hervor.
An diese schliessen sich 4 Kiemenbogen mit 4 Spalten. Auch
einen 5. Bogen glaubt Baer undeutlich wahrzunehmen. Diese
gesammte Kiemenbogenmasse reicht abnorm weit nach hinten.
Der letzte Bogen liegt fast auf der Grenze des mittleren und
hinteren Drittels des embryonalen Körpers. An denselben stösst
unmittelbar die Nabelblase. Raum für das Herz ist nicht vorhanden, dasselbe fehlt vollständig. Die Dottervene geht direkt
zu dem hinteren Kiemenbogen „ohne unterwegs eine Erweiterung oder Krümmung zu erfahren, welche den Namen eines
Herzens verdient." Mit dem Fehlen des Herzens bringt Baer
die Kleinheit des Hirns in Zusammenhang; er hält den Embryo für einen Acephalen oder wenigstens Hemicephalen.

Mit dem Embryo steht eine wurstförmige prall
mit einer dicken Sulze angefüllte Blase in Verbindung. Diese senkt sich nach zweimaliger geringer
Biegung mit einem etwas dünneren Stiel in das
hintere Leibesende des Embryos ein und bildet
somit gewissermaassen die blasenartige Verlängerung des embryonalen Körpers nach hinten. Dieses
Gebilde, das nur der Harnsack sein kann, liegt
ebenso wie der Embryo frei beweglich innerhalb des Amnionsackes; letzterer ist nur an den erwähnten Biegungen an den
Harnsack angeheftet.

Die genauere Untersuchung ergab nun aber, dass der
Harnsack doch einen Ueberzug des Amnions besass. Derselbe
liess sich nicht nur direkt nachweisen, sondern es wurde auch
festgestellt, dass das Amnion an der Anheftungsstelle des Harnsackes in die Bauchwand des Embryos überging. Vor dem
Ansatz des Harnsackes an die Leibeswand befand sich ein
kleines Bläschen, dicht an der Bauchfläche des Embryos, das
sich erst nach Eröffnung des Amnions deutlicher zeigte. Von
diesem Bläschen, das hohl ist, lässt sich als Fortsetzung der
Höhlung ein Strang nachweisen, der in den Darm übergeht.
Dieser Strang ist gleichfalls hohl; er hat einen flüssigen, mit
dunklen Streifen versehenen Inhalt, der sich hin und her drücken
lässt. Das Bläschen, dessen Durchmesser ungefähr $^1/_5$ Linie
betrug, kann mithin nur das Nabelbläschen und der Gang der
Dottergang sein.

Das Nabelbläschen wird ebenfalls vom Amnion überzogen.
Dieser Ueberzug, der Hautnabel Baers, geht von der Stelle,
wo der letzte Kiemenbogen sich abzugliedern beginnt, vom
Embryo ab, überzieht das Nabelbläschen und geht dann von
diesem, auf dem Stiel des Harnsackes nach allen Seiten sich
ausbreitend, in das Amnion über.

Nun glaubte Baer über dem Nabelbläschen noch ein

zweites, unverletztes Blatt gefunden zu haben. Er deutete dasselbe als seröse Hülle, die, ohne die äussere Eihaut zu erreichen, dem Amnion eng anliegt.

Am Schlusse dieser Beschreibung sagt B a e r: „Dass diese Frucht sehr verbildet ist, kann auf keine Weise bezweifelt werden. Allein sie ist in ihrer Verbildung ungemein lehrreich. Der Harnsack liegt im Amnion, und dennoch ist eine Haut zwischen Amnion und äusserer Eihaut. Sie kann also weder der Harnsack sein, noch von ihm ihren Ursprung nehmen. Normal sollte er (der Harnsack) zwischen Amnion und Epichorion liegen oder noch bestimmter zwischen Amnion und seröser Hülle. Nun hat sich aber in vorliegendem Falle die seröse Hülle wenig oder gar nicht getrennt, wovon wir überall die Beweise gefunden haben. Der Harnsack konnte keinen freien Raum vorfinden, hat sich, wie man deutlich sieht, zur Seite aus dem Uebergange vom Embryo zum Dottersacke oder dem werdenden Nabelstrange hervorgedrängt und von ihm einen Ueberzug mitgenommen und liegt insofern dennoch ausserhalb der Höhle des Amnions. Alle Störungen in der Entwickelung des Embryo und des Amnions haben aber die äussere Eihaut nicht am Wachsen gehindert, obgleich sie völlig ohne Gefässe geblieben ist."

Aus dieser Beschreibung, die aus dem Jahre 1829 stammt, ist das Verhältniss der Nabelblase zum Amnion und zur serösen Hülle nicht ganz verständlich. Später, im Jahre 1835 hat Baer dasselbe Ei nochmals zum Gegenstand einer Publication[1]) gemacht, nachdem er das in der Königsberger Sammlung aufbewahrte Ei jedenfalls einer erneuten Untersuchung unterworfen hatte. In dieser Publication sagt B a e r: „Das den Embryo

---

[1]) K. E. von B a e r, Beobachtungen aus der Entwickelungsgeschichte des Menschen. Elias von S i e b o l d's Journal für Geburtshülfe, Frauenzimmer- und Kinderkrankheiten, herausgegeben von Ed. Casp. Jakob von Siebold. XIV. Band, III. Stück, Leipzig 1835.

umgebende Amnion ist kugelförmig, von nicht ganz 2 Linien
Durchmesser. Der Embryo ist durch eine Verlängerung des
Bauches oder durch eine kurze Nabelschnur an die innere
Fläche des Amnions angeheftet. Das Nabelbläschen lag in
dieser Anheftung, jedoch ausserhalb des Amnionsackes. Nicht
so die Allantois u. s. w."

Baer erklärt diese anormale Lage der Allantois aus einem
späteren Hervorbrechen derselben. Das Amnion war um diese
Zeit schon kugelförmig um den Embryo ausgedehnt, sie musste
sich daher in das Amnion hinein entwickeln, indem sie dasselbe bruchsackartig vor sich her stülpte.

## No. V

ist nur insofern bemerkenswerth, als wohl ausgebildete Chorionzotten vorhanden waren (an der der Decidua serotina entsprechen-
den Stelle mit starker Verästelung), während ein ausgebildeter
Embryo fehlt.

## No. VI.

Auch in diesem Falle handelt es sich um ein abnormes
Ei[1]), das aus der Sammlung des Professor Senff stammte.
Das Alter wurde von Senff auf 5½ Wochen angegeben, doch
ist es nicht ersichtlich, ob diese Angabe auf Thatsache oder
Schätzung beruht. Jedenfalls ist der Embryo früher abgestorben
oder er hat vielfache Hemmungen in der Ausbildung erfahren.
Baer ist geneigt, das Alter der Frucht auf 4 Wochen zu nor-
miren. Trotz der Abnormitäten ist das Ei interessant und von
Baer auf's genaueste beschrieben, namentlich erscheint das
anatomische Detail sehr bemerkenswerth.

Das Ei ist durch Abort abgegangen und von der Decidua
vera und reflexa überzogen. Die Maasse sind folgende:

---

[1]) Taf. VII, Fig. 1—10 von Baer's Entwickelungsgeschichte. Band II.

Länge des ausgestossenen Eies (Deciduaauskleidung des Uterus mit einem unteren, verdünnten Anhang) 2 Zoll 5 Linien,

Breite desselben 1 Zoll 2 Linien,

Länge des in der Decidua enthaltenen Eies 1 Zoll 6 Linien,

Breite desselben **über** 1 Zoll.

Baer schildert zunächst das **Verhalten der Decidua vera** und reflexa.

**Das** Chorion ist intakt, zeigt aber bedeutende Abweichungen **von der Norm.** Dasselbe bildet „blasige Vorragungen nach innen, die zwischen Hirsekorn- und Bohnengrösse wechseln." Die Blasen **enthalten eine Flüssigkeit, der dunkle Körnchen** beigemischt sind.

Es ist nicht ohne Weiteres ersichtlich, wie diese **Verän-** derung des Chorions **zu deuten ist** An das nächstliegende, **an** Blasenmole **zu denken, ist** nicht angängig, da Baer ausdrücklich sagt, **dass die Gebilde nicht** eigentliche Blasen, sondern Einstülpungen nach innen **bildeten, und die** Flüssig- keit sich zwischen den Eihäuten **und dem Ueberzug (Deci-** dua) befand. Auch spricht Baer weiterhin **von den Zotten des Chorions, die er als weniger** verdickt als in den früheren Fällen beschreibt. **Er fügt** allerdings **hinzu,** dass **die Zotten** vereinzelt standen und selbst gegen **die Decidua serotina** hin sehr kurz waren. **Die** Beschreibung **des Amnions stellt übrigens ausser** Zweifel, **dass** die blasigen **Vorragungen sich nicht auf der Peri-** pherie des Chorions befanden, sondern sich nach dem Inneren des Eies **erstreckten;** das Amnion **wurde durch** dieselben eben- falls blasenartig in das Innere **des Eies vorgewölbt.**

An dem Chorion sind drei Schichten **zu** unterscheiden (wie **in** No. 3). Die **mittlere Schicht ist schwer** erkennbar, das untere (innere) Blatt geht **auch hier unter den Zotten weg.**

**Das** Amnion **ist** ebenfalls sehr derb und fest, geht breit (in der Ausdehnung 1 Linie) in die Bauchwandung über (Nabel-

strang noch nicht gebildet), und überzieht das Nabelbläschen.
An der Uebergangsfalte befinden sich ein paar unförmliche
Wucherungen, die an dünnen Stielen in die Amnionhöhle hinein-
hängen.

Der Embryo ist, in gerader Linie gemessen. 3¹/₅ Linien lang
und an der dicksten Stelle über 1 Linie breit. Die vordere
Körperhälfte ist stark gekrümmt, die hintere mehr gestreckt.
Die Form ist plump und ungestaltet.

An dem Kopfende ist Vorder-, Mittel- und Hinterhirn deutlich zu erkennen. Hinter ersterem liegt die Mundhöhle, die
geschlossen scheint, sowie 3 Kiemenspalten, die jedoch noch
nicht durchgebrochen, sondern nur als Furchen angedeutet
sind. Bei seitlicher Betrachtung tritt das Auge deutlich hervor, das bereits beginnende Pigmentablagerung zeigt. An dem
Rumpfe ist die Seitenfurche (Grenze zwischen Bauch- und
Rückenplatten) nicht deutlich vorhanden. Die Extremitäten
sind angelegt und die vorderen bereits in 2 Abtheilungen ge-
gliedert, aber missbildet, die hinteren durch eine rundliche Hervorragung angedeutet. Auf der ventralen Seite bilden Herz-
und Leberanlage eine gemeinsame Wölbung, die nicht durch
eine Furche geschieden ist.

An der linken Bauchseite des Embryos, unmittelbar an
dieselbe anstossend, liegt die Nabelblase, die sofort durch ihre
gelbe Farbe kenntlich ist. Mit ihr steht der Vorder- und Hinterdarm in Verbindung. Letzterer enthält noch Dottermasse, die
sich durch ihre gelbe Verfärbung zu erkennen giebt.

Dicht neben dem Nabelbläschen liegt ein flach
gedrücktes, keulenförmiges Gebilde, das winkelig
umbiegend in einen dünnen Stiel ausläuft. Dieses Gebilde ist der Harnsack.

Wie schon erwähnt, war das Amnion mit dem Chorion
fest verwachsen, so dass Baer beide Eihäute nur mühsam von
einander trennte. Auf der abgetrennten äusseren Fläche des

Amnions lag der Harnsack, an dessen Stiel sich die Insertion
des Amnions an den Embryo befand. Bei dem Abtrennen war
das Amnion von dem Embryo losgerissen, und dabei auch die
Allantois abgetrennt worden. Vor dieser Abtrennung ging der
Stiel der Allantois in die Harnblase über, die von langgezogener,
spindelförmiger Gestalt an der Seite des Darmes verlief. Das
Verhalten der Allantois zur Blase und letzterer zum Darm
wurde durch Eröffnen des Hinterleibes festgestellt.

Baer sagt von dem Harnsack in diesem Fall: „Der Harnsack stimmt mit dem unter No. 3 beschriebenen überein, sogar
der Winkel hat dieselbe Richtung. Nur war die eigentliche Haut des Harnsackes noch von einem dünnen
Häutchen lose umgeben, welches einen hellen Saum
um den Sack zu bilden schien."

## No. VII.

Frucht aus der fünften Woche. Die Beobachtung ist unvollständig, da das Ei resp. der Embryo verletzt war. Sie
datirt aus dem Jahre 1822; vorher hatte Baer menschliche
Eier niemals untersucht.

## No. VIII

betrifft einen Embryo[1]) ohne Eihäute aus der Senff'schen
Sammlung, dessen Alter von Baer auf noch nicht ganz 5
Wochen geschätzt wird. An dem Kopf und dem Halse ist
eine Verletzung vorhanden, im Uebrigen ist der Embryo jedoch
gut erhalten. Seine Länge beträgt 5 Linien.

Der Kopf war defekt; die Oberkieferhälften hatten sich
noch nicht erreicht. Der Unterkiefer ist in der Bildung begriffen, 3 Kiemenspalten stehen kurz vor dem Verschluss. Von
den bereits angelegten Extremitäten ist die vordere schon ge-

---

[1]) Taf. VII, Fig. 12, 13, 14 von Baer's Entwickelungsgeschichte. Band II.

gliedert (Stiel und Platte) und 1 Linie lang, die hintere kürzer und ohne Theilung.

Das Rückenmark bildet 4 fast gesonderte Stränge; unter demselben befindet sich die Wirbelsaite. Das hintere Ende der Wirbelsäule ragt als kegelförmige Spitze über den After vor. Der „Speisekanal" ist auf der Abbildung (Fig. 12) vom Magen bis zum After dargestellt. Ersterer, etwas voluminöser als der übrige Theil des Darmes, bildet eine längsgerichtete, wurstförmige Krümmung mit nach links und hinten gerichteter Convexität. Der Darm verläuft vom Magen fast gerade bis zum After, nur gegen die Nabelschnur eine Vorbeugung bildend, von der der hohle Dottergang entspringt.

An der Stelle, wo die Eihäute (bis auf einen kleinen Rest entfernt) in den Embryo übergehen, findet sich eine dunklere Stelle, die sich bei näherer Untersuchung als der zusammengefallene Harnsack erweist. Ueber den Harnsack hinaus erstreckt sich ein Gefäss in Gestalt eines dünnen Fadens.

Mit dem Embryo steht der Harnsack durch einen Stiel in Verbindung, dessen Ursprung aus dem hinteren Ende des Darmes Baer mit Bestimmtheit verfolgen konnte. Dieser Stiel umschliesst einen Kanal (Harnschnur), der sich allmählich erweitert (Harnblase), bevor er sich in den Hinterdarm einsenkt.

Baer macht noch besonders darauf aufmerksam, dass sich in diesem Falle der Harnsack nicht so weit von dem Embryo entfernt habe, um bei verlängerter Nabelschnur ausserhalb desselben zu liegen. Auch fehlt der scharfe Winkel zwischen Harnsack und Stiel.

Die Urnieren treten nach Entfernung des Magens und der Leber in ihrer ganzen Ausdehnung hervor. Sie sind am Kopfende zu einer gemeinschaftlichen Masse verbunden, im übrigen aber getrennt. Aus dem hinteren Ende tritt jederseits ein

kurzer Ausführungsgang, der sich in den Hinterdarm (Cloake)
einsenkt.

Die Zeichnungen veranschaulichen die Verhältnisse in vor-
trefflicher Weise. In Fig. 14 ist die Cloake dargestellt, in
welche die beiden Urnierengänge einmünden. Aus derselben
entspringt der Stiel des Harnsackes, der im weiteren Verlauf
Blase und Harnschnur bildet und sich dann zu dem Harnsack
erweitert. Ueber dem letzteren ist das bereits erwähnte Gefäss
dargestellt.

Das Verhältniss des Harnsackes mit seinem Stiel zum Hinterdarm und dem Ductus vitello-intestinalis ist durch Zeichnung
(Fig. 12) gut veranschaulicht.

## No. IX.

Es handelt sich um ein rudimentäres Ei[1] mit scheinbar
vollständigem Chorion, das überall mit langen Zotten besetzt
war. Aus demselben hing an einem erschlafften Nabelstrang
ein unkenntlich gewordener Embryo mit so weit erhaltenem
Herzen, dass das Alter bestimmt werden konnte.

Auf der Wand, die dem Eröffnungsschnitt gegenüber lag,
fiel eine Lücke im Chorion auf. Wörtlich heisst es bei Baer
weiter: „Wir sahen (Fig. 15 bei g), dass die Insertion der
Nabelschnur auf den Rand der Aussackung und also auch die
Lücke im Chorion trifft. Unter diesen Umständen kann es
nicht befremden, dass auch ein Theil des Nabelbläschens und
zwar noch weiter aus der Lücke hervorragt. Die Verhältnisse
brauchten nur noch wenig geändert zu sein, um das ganze
Nabelbläschen aus dem Chorion hervorzudrängen."

Die zugehörige Zeichnung macht den Eindruck, als ob
diese so genau beschriebene „Lücke" im Chorion nichts anderes

---

[1] Taf. VII, Fig. 15—18 des II. Bandes von Baer's Entwickelungsgeschichte.

als das neben der Insertion der Nabelschnur liegende Nabelbläschen sei.

Baer berichtet dann weiter: „Zwischen Amnion und Chorion sieht man ein zwar zartes, aber sehr bestimmt ausgebildetes Häutchen, das die äussere Wand des Nabelbläschens berührt, und das ich deshalb für die seröse Hülle halten möchte.
Ich zerstörte diese Haut, legte das Amnion etwas zurück und
sah nun nicht nur ein sehr grosses Nabelbläschen (Fig. 16 c),
sondern auch neben demselben den kleinen Harnsack
(f) von der uns schon bekannten Form.“

Das geschilderte Häutchen für die seröse Hülle zu erklären,
möchte schon im Hinblick auf das Alter der Frucht (5 Wochen)
nicht angehen, dasselbe dürfte vielmehr mit meinem Hautstiel
identisch sein. Es erklärt sich dann leicht, wesshalb das
Häutchen an der Stelle, wo sich die Allantois befand, fest an
Chorion und Amnion angeheftet war. Ist nämlich das Amnion
schon weit vom Embryo abgehoben, wie es hier offenbar der
Fall war, so muss der Hautstiel über dasselbe hinweg zum
Chorion verlaufen und somit gewissermaassen beide Eihäute
mit einander verbinden. Auch das Berühren der äusseren
Fläche des Nabelbläschens wird durch diese Annahme voll-
kommen erklärt; bei der Insertion des Hautstiels zwischen
Allantois und Nabelblase muss derselbe naturgemäss mit der
äusseren Fläche der letzteren in Contact kommen.

Ebenso dürfte die Angabe Baer's, dass er ein Gefäss
auf der äusseren Fläche des Amnions wahrgenommen habe,
seine Erklärung dann leicht dahin finden, dass das Gefäss nicht
dem Amnion, sondern dem auf ihm verlaufenden Hautstiel angehörte.

## No. X.

Das Ei[1] stammt aus der 5. Woche der Schwangerschaft.
Die Beschreibung ist kurz, der Harnsack nicht erwähnt.

---

[1] Taf. VII, Fig. 19 und 20 ebenda.

von Preuschen, Allantois des Menschen.                7

## No. XI.

Es handelt sich um eine ältere, nicht normale, von Baer auf 5 Wochen oder darüber geschätzte Frucht, bei der der Harnsack in die Nabelschnur eingeschlossen ist.

Das Auffinden des Harnsackes wurde durch das eigenthümliche Verhalten der Nabelarterien veranlasst. Letztere standen nämlich nach dem Amnion hin weiter von einander ab, als nach dem Embryo zu. „Es schien, als ob ein Schlauch zwischen denselben liege.“ Um dies festzustellen, zerlegte Baer die Nabelschnur in eine grosse Anzahl Querschnitte. Es fand sich nun in der Nähe des Chorions keine Höhlung, dann aber zeigte sich eine längliche Lücke zwischen beiden Schlagadern, die an Breite zunahm, um sich weiter nach dem Embryo zu wieder zu verschmälern. Eine Verwechselung mit der ursprünglichen Höhlung der Nabelschnur ist nach Baer ausgeschlossen, da sie gegen das Chorion hin erweitert, gegen den Embryo hin geschlossen ist, während der Vorgang des normalen Schlusses der Nabelschnur sich umgekehrt verhalte.

## No. XII.

Das Ei gehört ungefähr derselben Zeit an wie das vorige und der Embryo steht auf der gleichen Entwickelungsstufe. Der Harnsack ist früher entfernt worden.

Schliesslich giebt Baer die Abbildung eines Harnsackes[1]), der einem etwas älteren Embryo angehört. Hier war derselbe genau so gebildet, wie in den bereits beschriebenen Fällen; er war deutlich hohl, die Höhlung liess sich durch den Stiel desselben weit in den Nabelstrang verfolgen.

### Baer's allgemeine Bemerkungen zu obigen Beobachtungen.

„Dass die meisten Aborte, die ich untersuchte, krankhaft waren und zum Theil bedeutend von der Norm abwichen, ist

---

[1]) Taf. VII, Fig. 25 ebenda.

vor allen Dingen im Allgemeinen zu erwähnen. Viele werden gerade durch ihre Abweichungen belehrend für uns sein." Mit dieser Bemerkung beginnt Baer seine Betrachtungen über vorstehende Fälle und fährt dann weiter fort: „Zu den normalen Fällen zähle ich die Beobachtungen No. 1, 2, 7, 10 und 12; ganz monströs sind No. 4, 5, 6, 9, wenig abweichend No. 3, wo vielleicht der Embryo zu klein ist, wie in No. 11."

Nachdem Baer noch besonders das Missverhältniss zwischen Embryonen und Eihäuten betont, welches zu beweisen scheine, dass das Leben der Eihäute in gewissem Grade selbstständig und unabhängig sei, bespricht er das Nabelbläschen, die Lage des Embryos zu demselben sowie die Decidua und wendet sich hierauf zum Chorion, das beim Menschen häufig aus drei Blättern bestehe. Dass bei älteren Früchten nur 2 Blätter nachweisbar seien, beruhe vielleicht darauf, dass die äussere Schicht sich verliere, wie bei Wiederkäuern an den Cotyledonen augenscheinlich sei.

Zu dem Amnion übergehend, sagt Baer, dass dasselbe in neuerer Zeit als Fortsetzung der Oberhaut dargestellt werde; dies sei nicht richtig, es sei thatsächlich die Fortsetzung der gesammten animalischen Schicht des Embryos. Die Fleischschicht höre zwar bald auf, doch nicht mit scharfem Rande; dementsprechend gehöre auch die Sulze des Nabelstranges zum Amnion, nämlich zur „Fleischschicht" desselben. Den Nabelstrang erklärt Baer mithin für eine Fortsetzung des gesammten Bauches, in der als Fortsetzung des verdauenden und des Urogenitalapparates Dottergang und Harngang mit ihren Gefässen liegen.

Zwischen Scheide und Fleischschicht einerseits und den vorgenannten Gebilden andererseits befinde sich eine Lücke, die eine Fortsetzung der Bauchhöhle darstelle und in der eine Zeit lang der Darm liege.

Hinsichtlich der Allantois bemerkt Baer folgendes: „Die

7*

Allantois habe ich in allen hier beschriebenen Eiern, mit Ausnahme eines einzigen, wo sie wahrscheinlich entfernt war, gefunden. Dass sie diesen Namen verdient, wird wohl dadurch
ausser Zweifel gesetzt, dass sie überall aus der Cloake hervortritt, wie in Fig. 14 Taf. VII [1]) besonders dargestellt ist, und
dass an ihr die Nabelarterien zum Chorion verlaufen. In dem
jüngsten Ei, No. 2, sah ich sie in Form einer gestielten Birne,
wie sie von Pockels unter dem Namen Erythrois abgebildet
ist. In etwas späteren Eiern ist der Stiel schon viel länger,
und der eigentliche Körper, eine flach gedrückte Blase, ist gewöhnlich in scharfem Winkel gegen diesen Stiel umgebogen.
Einmal fand sich jedoch kein solcher umgebogener Theil vor,
und da in diesem Falle der Nabelstrang sehr lang war, so darf
man annehmen, dass beide Abweichungen sich bedingten, besonders da aus den gesammten Verhältnissen der Allantois
deutlich hervorzugehen scheint, dass ihre Bestimmung aufhört,
sowie sie die äussere Eihaut erreicht hat, und dass an ihr der
Stiel der wesentliche Theil ist. Der Stiel oder der Harnstrang
war entweder zum Theil oder noch in seiner ganzen Länge offen.

Ob das beschriebene flach gedrückte Bläschen beide Haut-
schichten des Harnsackes der Säugethiere bleibend behalte
oder ob die Gefässhautschicht sich ablöst und an die äussere
Eihaut und das Amnion sich anlegt, habe ich noch nicht mit
voller Sicherheit zu ermitteln vermocht. Ich kann nur sagen,
dass ich das Ablösen eines Gefässblattes nicht sehen konnte,
dass ein Rest von Gefässen, welche ich in No. 3 fand, dagegen
sprach, es mir vielmehr wahrscheinlicher wurde, dass die Nabelarterien in die äussere Eihaut und eine unter ihr liegende Ei-
weissmasse wuchern, sobald sie dieselben erreicht haben. Dies
glaubte ich namentlich in No. 3 zu sehen, soviel man an einem
bereits in Weingeist aufbewahrten Präparate sehen kann."

[1]) Die Zeichnung bezieht sich auch hier auf Band II von Baer's Entwickelungsgeschichte.

# Karl Friedrich Burdach, 1837.[1])

Burdach theilt die Entwickelung des menschlichen Embryos in 7 Abschnitte.

In dem ersten Abschnitt vollzieht sich die Trennung der Keimblätter, die Anlage des Medullarrohrs sowie die Bildung des Amnions. Diesem Entwickelungszeitraum liegen keine direkten Beobachtungen zu Grunde.

Die zweite Phase der Entwickelung verlegt Burdach in die 3. bis 5. Woche; die Kenntniss der in dieser Periode sich vollziehenden Vorgänge basirt entgegen dem ersten Entwickelungsabschnitt auf direkten Beobachtungen an dem menschlichen Embryo.

In diesem Zeitraum treten im Gegensatz zum „sensiblen Centralorgan" unpaarige Organe auf, nämlich der Darm mit Nabelbläschen und „Allantoide", das Herz mit den Gefässstämmen („die Blutmasse hat noch einen engen Umkreis und durchdringt noch nicht die ganze Masse") und die Leber. Die Kiemenspalten, die bereits mit Gefässen versehen sind, bilden sich zurück, ebenso der Kanal des Nabelbläschens und die Allantoide.

Das Chorion, das mit Zotten versehen ist, erreicht eine Grösse von 10—15 Linien, ist von zarter Beschaffenheit und weisslicher Farbe. In der Höhle desselben findet sich eine röthliche, durchsichtige, eiweissartige Flüssigkeit, die von einem zarten, farblosen Gewebe nach allen Richtungen durchzogen wird.

Das Amnion stellt ein dünnes, durchsichtiges Bläschen dar, das eine klare Flüssigkeit enthält und bedeutend kleiner als das Chorion nur den Rücken und die Seitenflächen des Embryos

---

[1]) Karl Friedrich Burdach, Die Physiologie als Erfahrungswissenschaft. II. Band, 2. Auflage. Leipzig 1837.

überzieht. Anfangs liegt der Embryo wie in einer Grube auf
dem Amnion, indem die Bauchfläche frei bleibt. Allmählich
rückt das Amnion nach der letzteren vor, bis es endlich an der
Uebergangsstelle des Embryos zum Ei eine Scheide (Nabelscheide) bildet, die anfangs kurz und weit, allmählich enger und
länger wird.

Die Grösse des Embryos, der aus einer graulich-weissen,
halbdurchsichtigen, sulzenartigen Masse besteht, die unter dem
Mikroskop körnig erscheint, beträgt 1—3 Linien (Anfang und
Ende des Zeitraums). Anfangs ist derselbe gerade gestreckt,
bald aber krümmt er sich über die Bauchfläche.

Der Kopf, zuerst schmal und niedrig, vom Rumpfe kaum
geschieden und ohne Oeffnungen, wächst schnell und erreicht
in der 4. Woche die Grösse des Rumpfes, gegen den er sich
vorn durch eine leichte Querfurche, das Rudiment des Halses,
hinten durch den Nackenhöcker absetzt.

Der Rumpf ist am unteren Ende schwanzförmig zugespitzt
und besitzt noch keine Extremitäten. Die Leibeswände sind
vorn in der Mittellinie zum Theil vereinigt, am Bauche lassen
sie noch eine Lücke, „wo die Unterleibshöhle in die Höhle der
Nabelscheide sich fortsetzt.“

An der Bauchseite heben sich zwei blasenartige
Gebilde ab, die nach dem Kopf- und Schwanzende zu wage-
recht über der Bauchfläche liegen; später nehmen sie eine
lothrechte Lage zu derselben ein, indem sie von der sich
bildenden Nabelscheide eingeschlossen werden. Die beiden
Bläschen gehen durch Kanäle in die „Schleimhaut“
der Bauchhöhle über.

Das Nabelbläschen wird als gestielt geschildert (5. Woche);
es liegt über das Kopfende hinaus, ist von kugeliger Gestalt
und etwas grösser als der Embryo. Wenn die Nabelscheide
sich bildet, verwächst es mit ihr, und da diese sich allmählich
verlängert, so wird es von seiner ursprünglichen Stelle weg-

gerückt und sein Kanal mehr in die Länge gezogen. „Dieser Kanal geht an der Umbiegungsstelle des Darmes in diesen über, verwächst aber in der 5. Woche an dieser Stelle zu einem Faden. Der Darm ist undurchsichtig, gleichförmig cylindrisch, kurz und gerade gestreckt; vom Magen aus geht er als Magendarm schief nach vorn in die Nabelscheide, biegt sich an ihrem Ende oder an der Einfügung des Kanales des Nabelbläschens um, kehrt als Afterdarm in die Bauchhöhle zurück und endet in dem After."

Beide Theile des Darmes sind durch Gekröse mit einander verbunden.

Das zweite Bläschen ist die Allantoide, „die bei dem Menschen bald nach ihrem Auftreten und 'schon in der 4. oder 5. Woche wieder verschwindet, daher auch selten gefunden wird, bei den Säugethieren aber während des Fruchtlebens sich erhält. Ihr walzenförmiger Theil oder der Allantoidenkanal tritt aus dem Ende des Verdauungskanales hervor und geht im rechten Winkel von der Bauchfläche ab und mit einer erweiterten, knieförmigen Umbiegung in den blasenartigen, birnförmigen Theil über, welcher der Längsachse des Embryos parallel über das Schwanzende desselben hinaus sich erstreckt."

Im 5. Buche[1]) seines Werkes, das vom Fruchtleben handelt, kommt Burdach nochmals auf die Allantois zurück und erörtert alsdann die Gefässverbindung zwischen Embryo und Chorion. Die Allantois (Membrana allantoides s. farciminalis) entsteht später als der Darm, das Herz, die Leber und die Wolff'schen Körper, aber früher als der eigentliche Nabelstrang. Sie tritt beim Menschen in der 3. oder 4. Woche auf und wächst schnell, erreicht aber nur eine unbedeutende Grösse. Die Gestalt ist birn- oder keulenförmig.

---

[1]) Burdach, a. a. O. Seite 620.

Nachdem hierauf Burdach nochmals die bereits geschilderte knieförmige Biegung und die Einpflanzung der Allantois in die Cloake beschrieben hat, hebt er hervor, dass von der eigentlichen Allantois (Allantoidenblase) ein Stiel (Allantoidengang) unterschieden werden müsse.

Letzterer ist gleich dem Darmblasengang (Ductus omphaloentericus) anfangs ganz kurz, so dass die Allantoidenblase dicht am Bauche des Embryos liegt.

Zu der Gefässverbindung sich wendend, sagt Burdach[1]: „Die Allantoisblase hat keine Gefässe, die Hüftnabelgefässe begleiten bloss den Allantoisgang als ein vom Endochorion gebildeter Ueberzug[2]); nicht selten aber legt sich das Gefässblatt auch an die Allantoidenblase an einzelnen Stellen an, und hierbei kann es sich denn wohl treffen, dass der Zweig eines Gefässes mit an sie tritt, ohne dass ihr Charakter aufgehoben wird."

Der Harnsack der Vögel und Amphibien wird in der ganzen Ausdehnung von Schleimblatt und Gefässblatt gebildet; beim Menschen besteht nur der Anfangstheil der Allantois, nämlich Harnblase und Harnstrang aus den beiden Blättern, dem Schleimblatt und dem Gefässblatt, welch' letzteres hier Endochorion genannt wird, in dem übrigen Theil der Allantois sind sie getrennt. „Es ist nämlich zu der Zeit, wo die Nabelgefässe beim menschlichen Embryo sich ausbilden und zum Fruchtkuchen heranwachsen, die Allantoidenblase schon abgestorben und, wenn nicht völlig geschwunden,

---

[1] a. a. O. Seite 623.

[2] Auf Tafel IV. Fig. 5 seines Werkes giebt Burdach die Abbildung eines menschlichen Embryos mit freier blasenförmiger Allantois, welch' letztere von 2 Gefässen eingefasst wird. Diese verlaufen vor und hinter der Allantoisblase; sie entspringen aus dem hinteren Leibesende des Embryos und gehen direkt nach dem Chorion. Mit der Allantois haben sie keinen Zusammenhang. Ob die Abbildung eine wirkliche Beobachtung repräsentirt, geht aus der beigegebenen Erklärung nicht hervor.

doch eingeschrumpft, und das Endochorion wird daher vom Nabelstrang aus nur an das Exochorion sich anlegen, ein demselben paralleles Blatt bilden und bei fortschreitendem Wachsthum endlich zu einer einfachen Blase werden."

Burdach giebt auch eine Erklärung für das frühe Absterben der Allantoisblase beim menschlichen Embryo. Er findet dieselbe in dem dichten Aneinanderliegen und der Umeinanderwickelung der Nabelarterien; dadurch würde der blasenförmige Theil comprimirt und schliesslich verdrängt, während der Anfangstheil der Allantois, die Harnblase, durch ihre Verbindung mit den Harnwegen diesem Schicksal entgehe.

Bei den Säugethieren, bei welchen die Allantoisblase nicht das gleiche Verhalten wie beim Menschen zeigt, sind „die Nabelarterien theils kürzer, theils gehen sie mehr auseinander und verbreiten sich an die ganze innere Fläche des Chorions, lassen also das Schleimblatt oder die Allantois ungestört."

## M. Coste, 1837.[1])

Ueber die Vorgeschichte des von Coste beschriebenen Eies fehlen die Angaben gänzlich. Aus einer der Erklärung der Abbildungen beigefügten Bemerkung ist nur ersichtlich, dass Coste dasselbe von M. Chazal erhielt, der es seinerseits dem Doktor Moulins verdankte.

Das Ei war von der Decidua umgeben, die, in der Längsachse eröffnet, in ihrem Inneren das Chorion erkennen liess. Dieses war mit Zotten bedeckt und enthielt ein rundes Bläschen. In

---

[1]) M. Coste, Embryogénie comparée. Cours sur le développement de l'homme etc. Paris 1837 u. Atlas du premier Volume. Pl. III. Fig. 4 u. 5. Ferner l'Institut, Tome III, 1835. No. 121.

letzterem, dem Amnion, ist der Embryo erkennbar. Er ist
1¼ Linien lang und 1½ Linien breit. Seine Oberfläche ist
unverletzt, nirgends findet sich eine Continuitätstrennung. Die
Gestalt „gleicht annähernd einer Guitarre". Kopf- und Schwanzende sind leicht zu unterscheiden, Extremitäten nicht angelegt;
ebensowenig finden sich Andeutungen von Sinnesorganen. Auf
der ventralen Seite ist der Embryo offen. Die Spalte hat eine
elliptische Form, sie ist ½ Linie lang und ⅖ Linien breit.

Aus dieser Oeffnung, die sich als Leibesnabel charakterisirt, ragen 2 Blasen hervor, von welchen die eine nach
dem Kopfende, die andere nach dem Schwanzende zu gerichtet
ist. Coste bezeichnet dieselben als vésicule céphalique und
vésicule caudale. Erstere ist von birnförmiger Gestalt. Ihre
Länge (ohne Stiel) beträgt ½ Linie, die Breite ⅘ Linien. Diese
Blase, die vollkommen frei vor der Leibesöffnung des Embryos
flottirt, ist mit einem Stiel versehen, der in die Nabelöffnung
sich fortsetzt und mit dem noch gestreckten Darmkanal in
Verbindung tritt. Sie muss daher als Nabelblase gedeutet
werden.

Die nach dem Schwanzende des Embryos belegene Blase
ist nahezu cylindrisch; ihre Länge beträgt 1 Linie, ihre grösste
Breite ¾ Linien. Die Längsachse derselben verläuft parallel der
Körperachse des Embryos. Sie breitet sich über die Oberfläche
des Amnions flach aus, hängt mit dieser Membran durch Vermittelung des Magma réticulé ziemlich fest zusammen und inserirt sich am Chorion, das an der Insertionsstelle zarter erscheint, als an allen anderen. Ueber die Insertion der Blase
an den Embryo selbst lasse ich die Stelle im Originaltexte
folgen. Dieselbe lautet:[1)]

„Il était très manifeste sur ce sujet, que l'extrémité embryonnaire du pédicule de cette vésicule se continuait avec

─────────────────

[1)] Coste, a. a. O.  Seite 231.

toute la partie postérieure ou caudale de l'embryon, et toute l'étendue des bords latéraux de l'ouverture ventrale du corps embryonnaire."

Die Wandungen dieser zweiten Blase, die Coste als Allantois deutet, waren dicker und weniger durchsichtig als die der Nabelblase. Blutgefässe konnte Coste auf ihr nicht erkennen, doch glaubte er, beginnende Gefässbildung auf derselben wahrzunehmen, wie auch auf der Abbildung angedeutet ist.

Ueber diesen Embryo und die Deutung der vésicule caudale als Allantois hatte sich vor der Académie ein lebhafter Streit zwischen Coste und Velpeau entsponnen. Letzterer behauptete, der Embryo sei nicht normal und suchte diesen Einwand damit zu begründen, dass ein Embryo im Alter desjenigen von Coste keineswegs mehr den Nabel offen habe, wie die von ihm in seiner Ovologie und Traité d'accouchement abgebildeten jüngeren und intakten Embryonen erkennen liessen.

Welcher Werth diesen Einwendungen beizumessen ist, geht schon aus der Angabe Velpeaus hervor, dass er auch die kleinsten seiner Embryonen nur mit unbewaffnetem Auge untersucht habe. Er geht so weit, sich dieses Umstandes zu rühmen und Pockels zu tadeln, weil er bei Untersuchungen seiner Embryonen sich der Loupe bedient habe.

Da auch der objektive Befund angezweifelt wurde, hat Coste Allen Thomson veranlasst, eine Nachuntersuchung seines Embryos vorzunehmen. Letzterer hat sich dieser Aufgabe unterzogen und eine minutiöse Beschreibung des ganzen Objektes geliefert, die mit den Angaben Coste's übereinstimmt.

# Rudolf Wagner, 1839.[1])

Das von den Beobachtungen Wagner's hier zu erwähnende Ei ist schon im Jahre 1831 untersucht worden. Leider geht aus seinen Angaben nichts über den Ursprung desselben hervor; es erscheint jedoch die Annahme gerechtfertigt, dass alle überhaupt in Betracht kommenden Verhältnisse einer sehr kritischen Beurtheilung unterzogen wurden, bevor Wagner das Ei unter die Typen normaler Entwickelung aufgenommen hat. Er sagt: „Ich habe aus der nicht unbeträchtlichen Anzahl von Beobachtungen und Abbildungen über Früchte aus dem ersten Schwangerschaftsmonate nach sorgfältiger Kritik kaum einige finden können, die ein richtiges Bild von dieser Stufe der Entwickelung geben können. Bei weitem die schönsten und deutlichsten mir bekannt gewordenen sind die mitgetheilten." Auch Ecker[2]), der das Ei in seine „Icones physiologicae" herübergenommen hat und eine ganz ausgezeichnet schöne Abbildung desselben reproducirt, bezeichnet dasselbe als „vollständig normales Ei aus der dritten Schwangerschaftswoche."

Die in der Zeichnung sehr getreu wiedergegebenen Details bezeugen ebenfalls die normale Entwickelung des wahrscheinlich nur kurze Zeit vor der Ausstossung abgestorbenen Embryos. Die einzigen Theile, welche vielleicht nicht ganz normal sich verhalten, sind die Vorderhirnblase und der Oberkiefer, die, wie Wagner meint, etwas zu stark aufgeschwollen sind.

Die Grössenverhältnisse sind folgende: Ovulum mit vollständigem Decidualüberzug 7 Linien, Chorion ohne Decidua

---

[1]) Rudolf Wagner, Lehrbuch der speciellen Physiologie. Leipzig 1842, Seite 104, sowie Erläuterungen zur Physiologie und Entwickelungsgeschichte. Leipzig 1839. Taf. VII, Fig. 11 und Taf. VIII, Fig. 1, 2, 3.

[2]) Icones physiologicae. Erläuterungstafeln zur Physiologie und Entwickelungsgeschichte. Bearbeitet und herausgegeben von Alexander Ecker. Leipzig 1851—59.

5 Linien, Embryo 2 Linien. Das Chorion ist an der Oberfläche mit kleinen cylindrischen hohlen Zöttchen besetzt. Das Amnion umgiebt den Embryo als zarte Membran und umschliesst ihn ziemlich eng. Die Nabelblase ist nicht viel kleiner als der Embryo und steht mit dem Darm in ziemlich breiter Verbindung. Der Raum zwischen Embryo resp. Amnion, der Nabelblase und dem Chorion wird mit einem feinen, spinngewebsartigen Gewebe ausgefüllt. Der Embryo ist gestreckt, zeigt aber deutliche dorsale Einsattelung.

An dem Kopfe lassen sich Vorderhirn, Mittelhirn und Hinterhirn unterscheiden. Zwei Kiemenbogen und zwei Spalten sind ebenfalls erkennbar; der dritte Kiemenbogen ist in der Abgliederung begriffen. Ueber der ersten Kiemenspalte und neben der Medulla oblongata befindet sich die Anlage des Gehörorgans; ob die Augen angelegt sind, ist nach Ecker zweifelhaft, Wagner hält es für wahrscheinlich. Die ventrale Seite ist in einer weiten Längsspalte geöffnet, von deren Rändern sich das Amnion abhebt. Das Herz und die dahinter liegende noch kleine Leber sowie der Darm sind unbedeckt. Der letztere ist gestreckt, an einem geraden Gekröse befestigt und mit seinem Mittelstück, wie schon erwähnt, mit der Nabelblase in Verbindung. Seitlich von dem Gekröse liegen die Wolff'schen Körper. Die Extremitäten sind als bogenförmige Plättchen eben angedeutet. Hinsichtlich der Allantois sagt Wagner folgendes: „Aus dem Endstück des Darmes sieht man einen hohlen Schlauch herauskommen, sich an das Chorion schlagen und mit dessen innerer Fläche verwachsen; dies ist der Harnsack oder die Allantois, die eine breite, platte, umschriebene Blase zu sein scheint, welche man zuweilen noch an ihrer Grenze am Chorion erkennen kann."

Ecker sagt in seiner Erläuterung zu derselben Zeichnung: „Die Allantois ist eine deutliche Blase, an der man ein

äusseres Gefässblatt, das an die Innenfläche des
Chorions sich angelegt hat und ein inneres Schleimblatt unterscheidet.

In der Zeichnung, Taf. VII, Fig. 11 von Wagner ist das
Schleimblatt und das Gefässblatt gesondert dargestellt. Letzteres legt sich breit an das Chorion an. Die Grenzen des Gefässblattes sind in dieser Umrissfigur so deutlich, dass sie von
Wagner mit Buchstabenbezeichnung versehen worden sind.

## Allen Thomson, 1839.[1])

Thomson giebt die Beschreibung dreier menschlicher
Eier, von welchen die beiden ersten sehr häufig citirt und noch
in letzter Zeit Gegenstand eingehender Untersuchung gewesen
sind. Es empfiehlt sich daher, die Beobachtungen etwas aus-
führlicher zu behandeln.

Beobachtung I. Die Untersuchung wurde Allen Thomson von dem Professor Cumin in Glasgow gestattet; sie
musste in Abwesenheit von Hause ohne Hülfe seiner Instrumente
bei schlechtem Lichte vorgenommen werden; auch wurde bei
der Untersuchung kein Theil des Embryos berührt oder aus
der Lage gebracht.

Das Ovulum war durch Abort abgegangen und zwar 6
Wochen nach Eintritt der letzten Menstruation. Seiner Entwickelung nach wird es von Allen Thomson auf 12 bis
14 Tage geschätzt.

[1]) Allen Thomson, Contributions to the History of the Structure of the
human Ovum and Embryo before the third week after conception, with a description
of some early Ova, in The Edinburgh Medical and Surgical Journal. Edinburgh
1839. 52. Band. Seite 119. Froriep's Neue Notizen. 13. Band. Seite 193.

Das Präparat, das in Essigsäure und verdünntem Alkohol conservirt war, hatte nach Entfernung der Decidua einen Durchmesser von $^{9}/_{40}$ Zoll. Das Chorion war leicht mit Zotten besetzt, die an einer Seite stärker entwickelt waren als an der anderen. Die äussere Eihülle bestand aus einer einzigen Hautschicht. Bei Eröffnung des Chorions zeigte sich im Inneren eine zweite Blase; dieselbe war undurchsichtig und füllte nur wenig mehr als die Hälfte des von dem Chorion umschlossenen Hohlraumes aus. Auf dieser zweiten Blase, dem Dottersack, lag der Embryo von 1 Linie Länge beinahe platt auf. Nach der Zeichnung ist derselbe an seinem vorderen und hinteren Ende schon etwas von der Blase abgeschnürt, mit seinen seitlichen und mittleren Partien steht er in breiter Communication mit derselben. Einen Darm besass der Embryo noch nicht, sondern nur, wie Thomson sich ausdrückt, eine lange, seichte Intestinalgrube, welche mit dem Innern des Dottersackes eine gemeinschaftliche Höhle bildete.

Der Raum zwischen Nabelblase, Embryo und Chorion wurde durch ein dünnes, zähes Gewebe albuminöser Filamente ausgefüllt, welche, wie Thomson meint, durch die Einwirkung des Alkohols entstanden waren. Gegen den Rücken des Embryos und auf der entgegengesetzten Seite des Nabelbläschens, berichtet Thomson, war „dieses Gewebe dichter als an irgend einer anderen Stelle und verband Foetus und Nabelbläschen fest mit dem Chorion". Diese Vereinigung, welche der Untersuchung so junger Eier Schwierigkeiten in den Weg lege, will der Autor mehr als einmal bemerkt haben.

Der Rücken des Embryos hatte ein gerunzeltes Ansehen, was Thomson aus der Einwirkung des Alkohols erklärt wissen will; das eine Ende, wahrscheinlich das Kopfende, war verdickt und mehr abgerundet als das andere. Unter dem Kopfende, zwischen ihm und der Oberfläche der Nabelblase lag eine dunklere, dickere Partie, die Thomson für das rudimentäre

Herz ansieht. Die Rückenwülste glaubt Thomson schon geschlossen. Blutgefässe waren auf dem Dottersack nicht zu
entdecken.

Beobachtung II. Von diesem Ovulum ist besonders
hervorzuheben, dass es dem Uterus einer verstorbenen Frau
entnommen wurde. Die Herausnahme geschah von Allen
Thomson selbst und zwar unter Anwendung grosser Vorsicht.
Leider wurde aber auch dieses Ei nicht sofort in frischem Zustand untersucht, da es nach Thomson's Ansicht erst einige
Tage in Alkohol gelegen haben musste. Die anamnestischen
Angaben sind sehr präcise: Es handelt sich um eine 20jährige
Frau, die ausserehelich bereits einmal geboren hatte. Sechs
Wochen vor ihrem Tode verheirathete sie sich. Am 24. Mai
war die letzte Menstruation beendet, unmittelbar darauf fand
die erste Cohabitation statt und 5 Wochen und einen Tag später er-
folgte der Tod, nachdem sie 14 Tage lang krank gewesen war.

Da die Frau unter den Erscheinungen der Chorea starb,
einer Erkrankung, die mit der Schwangerschaft in Beziehung
stehen kann, so hat die Vermuthung Thomson's, dass Beginn der Erkrankung und Beginn der Schwangerschaft in dieselbe Zeit fallen, etwas für sich, doch ist andererseits die Grösse
des Chorions, resp. das Missverhältniss zwischen Chorion und
Embryo zu berücksichtigen, das entschieden für eine längere
Dauer der Schwangerschaft spricht. Es scheint mithin auch
bei diesem Ovulum nach dem Absterben oder der Verkümme-
rung des Embryos eine Weiterwucherung der Eihäute stattgefunden zu haben. Hinsichtlich der Altersbestimmung des Embryos ist dies aber irrelevant, da der Grad seiner Entwickelung
wohl mit dem angegebenen Alter übereinstimmt. Für die längere
Dauer der Schwangerschaft in diesem Falle spricht auch das
Verhalten des Corpus luteum, von dem Thomson sagt, dass
es das vollkommenste gewesen sei, das er jemals in einer
weiblichen Leiche gesehen habe.

Der weitere Befund ist fast derselbe wie im vorigen Fall. Auch hier zeigte sich nach Eröffnung der äusseren Eihaut die Nabelblase und auf derselben platt aufliegend der Embryo, der gleichfalls noch keinen Darm besass, sondern nur eine Darmrinne, die, vollkommener ausgebildet als in dem ersten Fall, mit dem Inneren des Dottersackes eine gemeinschaftliche Höhle bildete. Die Rückenfurche, an der, wie Thomson sagt, das Kopf- und Schwanzende leicht zu unterscheiden sind, ist in der ganzen Länge offen; in der Mitte beginnt, der Zeichnung nach, soeben die Schliessung der Rückenwülste. Unter dem Kopfe des Embryos, zwischen diesem und dem Dottersack, befand sich eine unregelmässig gestaltete Masse, „welche die Stelle des Herzens andeuten mag, wenn sie nicht dieses Organ selbst ist."

Der Raum zwischen Embryo, Nabelblase und äusserer Eihaut war auch in diesem Falle mit eiweissartiger Masse ausgefüllt. Auch die Anheftung des Embryos an die äussere Eihaut war ähnlich wie in dem vorigen Fall, doch sagt Thomson, dass ausser dem Rücken des Embryos auch die hintere Seite des Dottersackes angeheftet gewesen sei. Neben dieser Verbindung fand sich eine zweite, welche Thomson besonders hervorhebt. Er giebt an, dass sich an dem Höcker zwischen Embryo und Nabelblase ein kleiner Hautlappen befunden habe, der in seinem Aussehen zwar dem von ihm beschriebenen Gewebe, welches das Innere des Chorions ausfüllte, ähnlich war, sich aber durch seine Festigkeit und Hautähnlichkeit auf das bestimmteste von diesem unterschied. Dieser Hautlappen erstreckte sich über den Kopf des Embryos hinweg und inserirte sich an die innere Seite des Chorions.

Amnion und Allantois waren nach Thomson nicht vorhanden, ebenso Gefässe auf dem Dottersack nicht nachweisbar.

Beobachtung III. Dieses Ei war 6 Wochen nach Ablauf der letzten Menstruation bei einer Person abgegangen, die bereits vorher geboren hatte. Das Chorion mass in seinem

grössten Durchmesser 1 Zoll und war mit Zotten bedeckt,
welche auf einer Seite eine stärkere Entwickelung zeigten.
Angefüllt war diese Eihaut mit einer flockigen Flüssigkeit;
an ihrer inneren Fläche hing der Embryo mit der Nabelblase.
Auch hier war der Embryo in der Entwickelung zurück-
geblieben resp. nach seinem Absterben die peripheren Eitheile
weiter gewuchert. Derselbe besass eine Länge von ⅛ Zoll
und eine Dicke von etwa ¹/₃₀ Zoll. Extremitäten waren nicht
nachweisbar, ebenso wenig eine Anlage von Sinnesorganen,
obwohl Thomson glaubt, dass sie vorhanden waren. Die
Gehirnblasen sind leicht zu erkennen, ferner zwei Kiemenspalten. Das Herz ist unbedeckt und besitzt die Form
einer gekrümmten Röhre. Der Darmkanal ist gerade und von
röhrenförmiger Gestalt, die Mundhöhle offen, das Caudalende
des Darmkanals geschlossen. Mit dem Darm communicirt durch
eine weite Oeffnung die Nabelblase, die stielförmig ausgezogen
ist. Auf derselben sind Vasa omphalo-meseraica sichtbar.

Aus dem Caudalende des Embryos hängt ein zweiter Körper
hervor, der in der Erklärung zu der Abbildung von Thomson als „birnförmiger Theil" bezeichnet wird, welcher „das
Caudalende des Darmes und Embryos mit dem Chorion in Verbindung setzt." Im Text bezeichnet Thomson diesen Theil
als „Röhre", durch welche der Embryo an das Chorion geheftet
wird. Diese „Röhre" hat die Gestalt eines „Trichters oder einer
Birne und bildet offenbar den Urachus." Thomson hält es
für möglich, dass der an den Embryo grenzende Theil die
Allantoisblase enthalten habe, obwohl er sich nicht direkt
von dem Sachverhalt überzeugen konnte. Bei dieser Gelegenheit bemerkt er: „Ich habe dagegen bei zwei abnormen Eiern
die Blase beobachtet, welche v. Baer als Analogon der
Allantois beschrieben hat."

Ein Amnion ist nicht wahrnehmbar.

Die Zeichnung lässt den beschriebenen Sachverhalt sehr

deutlich erkennen. Aus dem unteren Körperende ragt ein keulen- oder birnförmiges Gebilde hervor, das sich an die Innenfläche des Chorions inscrirt. Ueber die Abgangsstelle des birnförmigen Körpers hinaus erstreckt sich der Rumpf des Embryos, der hier in eine deutliche Schwanzspitze ausläuft.

Was nun zunächst die beiden erstgenannten Ovula anlangt, so sind dieselben, wie schon hervorgehoben, von verschiedenen Forschern interpretirt worden. So hält Bischoff[1]) in Fall I das innere Bläschen für die Keimblase, von der sich eben der Embryo abzuschnüren beginnt. Hinsichtlich des Amnions (Amnion und Allantois sind in der Beschreibung Thomson's nicht erwähnt) glaubt der genannte Forscher, dass es als zarte Hülle den Embryo umgeben habe, durch das Liegen in Alkohol aber unkenntlich geworden sei. Dass das Amnion vorhanden war, schliesst er aus der Befestigung des Rückens an die äussere Eihaut. Die Allantois hält Bischoff für noch nicht hervorgebrochen.

Kölliker[2]) scheint geneigt, diese Ansicht von Bischoff zu adoptiren; in diesem Falle wäre dann, wie er hervorhebt, die äussere Eihaut die seröse Hülle.

Auch für die Beobachtung II nimmt Bischoff das Vorhandensein des Amnions an, obgleich Thomson weder dieses noch die Allantois sah.

His[3]) schliesst sich hinsichtlich des Amnions dieser Ansicht an. In Beobachtung I glaubt er, dass dasselbe den Embryo eng umschlossen habe, während er in Beobachtung II den am Kopfende befindlichen häutigen Lappen ebenso wie

---

[1]) Th. L. W. Bischoff, Entwickelungsgeschichte der Säugethiere und des Menschen Leipzig 1842. VII. Band von S. Th. v. Sömmerings: Vom Baue des menschlichen Körpers.

[2]) A. Kölliker, Entwickelungsgeschichte des Menschen und der höheren Thiere. II. Auflage. Seite 305. Leipzig 1879.

[3]) W. His, Anatomie menschlicher Embryonen. I. Seite 153 und II. Seite 34—36. Leipzig 1880.

8*

Kölliker für ein Stück des bei der Eröffnung des Eies zer-
störten Amnions hält.

Nur in einem Punkte unterscheidet sich die Interpretation
His' wesentlich von der seiner beiden Vorgänger. Die oben
beschriebene Verbindung des Embryos mit der äusseren Eihaut
hält auch er für eine organische und nicht für eine durch dichtes
Zwischengewebe verursachte Verklebung wie Allen Thomson,
glaubt aber, dass diese Verbindung in beiden Fällen durch
einen Bauchstiel vermittelt werde. In Fall I geht seiner Ansicht
nach das Vorhandensein des Bauchstiels aus Allen Thomson's
Originalfigur I₄ sicher hervor, während in dem zweiten Fall bei
der Herausnahme des Embryos aus dem Chorion der vorhanden
gewesene Stiel durchschnitten sei. Bei dieser Gelegenheit ist nach
His das Amnion bis auf den am Kopfende befindlichen Fetzen
ebenfalls zerstört worden. Für diese Ansicht glaubt er eine
wesentliche Stütze in zwei bis jetzt noch nicht publicirten
Originalansichten des Embryos II gefunden zu haben, die ihm
bei Gelegenheit des Londoner Congresses von Allen Thomson übergeben wurden. Aus diesen Ansichten geht hervor,
dass der Embryo an dem Caudalende verletzt gewesen ist, eine
übrigens keineswegs erst nachträglich ermittelte Thatsache, da
Allen Thomson[1]) in seiner Publication vom Jahre 39 sagt:
„And from the accidental rupture of a small portion of the
caudal extremity of the embryo, I was enabled to see through
the intestinal groove etc."

Ich glaube, dass die von Allen Thomson ermittelten
Thatsachen in wesentlichen Punkten einer anderen Deutung zugänglich sind.

Was zunächst den Embryo II anlangt, so habe ich bereits
hervorgehoben, dass von Kölliker und besonders von His
der am Kopfende befindliche häutige Lappen als Residuum

---

[1]) Allen Thomson, a. a. O. Seite 132.

des Amnions angesehen worden ist, eine Annahme, die sich an diejenige von Allen Thomson anlehnt; derselbe sagt: [1] „I am inclined to believe, that this peace of membrane may be a part of the cephalic fold of the serous layer of the germinal membrane, which forms the amnions."

Bei diesem Deutungsversuch ist indess gänzlich übersehen worden [2]), dass der häutige Fetzen, der sich von dem angeblichen Kopfende des Embryos abhebt, mit der äusseren Eihaut fest verwachsen ist, mithin eine häutige Brücke zwischen Embryo und äusserer Eihaut darstellt. Thomson sagt: „Es fand sich weder Allantois noch Amnion; ich möchte aber die Aufmerksamkeit des Lesers auf ein feines Hautstückchen lenken, welches an dem Höcker zwischen dem Fötus und dem Dottersack am Kopfende anhing und aussah wie ein Stück des netzförmigen Körpers (corps réticulé), nur fester und hautähnlicher als der übrige Theil; dieses hautähnliche Gewebe wendete sich über den Kopf des Embryos leicht hinweg und vermittelte die feste Anheftung an die innere Seite des Chorions."

Wenn wirklich, wie His annimmt, beim Herausnehmen des Embryos aus dem Chorion der vorhanden gewesene Bauchstiel zerstört und das Amnion zerrissen wurde, so wäre man zu der Annahme gezwungen, dass ein so geübter und vorsichtiger Forscher wie Allen Thomson bei dieser Manipulation das Amnion derartig vernichtet hätte, dass von dem ganzen Gebilde nur ein schmaler Fetzen an dem Kopfende des Embryos übrig geblieben sei. Diese Annahme ist an sich schon so unwahrscheinlich, dass His selbst Bedenken gekommen zu sein scheinen. Er sagt [3]): „Ich erkläre mir dies (Fehlen des Am-

---

[1]) Allen Thomson, a. a. O. Seite 132.

[2]) Fasst man, wie Thomson, den in Rede stehenden Fetzen als Kopfscheide auf, so würde sich allerdings der Zusammenhang mit der äusseren Eihaut erklären; man muss aber mit Bischoff, Kölliker und His annehmen, dass auch in diesem Falle das Amnion bereits gebildet war.

[3]) His, a. a. O. I. Seite 154.

nions) dadurch, dass bei der Herausnahme des Embryo aus dem Chorion ein vorhandener Stiel zerstört und das Amnion verletzt werden musste, wogegen allerdings die Nothwendigkeit nicht vorliegt, dass das letztere bis auf seine vorderste Insertion sich lostrennte."

Nicht zu erklären ist es aber, wenn man an der amniotischen Natur des Hautfetzens festhält, wie der durch diese angebliche Zerreissung gebildete, an dem Kopfende festsitzende Lappen des Amnions mit der äusseren Eihaut in feste Verbindung gerathen sein soll, denn hier handelt es sich nicht etwa um eine Verklebung. Allen Thomson spricht, wie schon hervorgehoben, ausdrücklich von „its firm adhesion to the inner side of the chorion."

Diese Thatsache, nämlich die feste Verwachsung des fraglichen Hautfetzens mit der äusseren Eihaut ist mit der His'schen Annahme, dass ein Bauchstiel vorhanden gewesen sei, nicht in Einklang zu bringen, man müsste denn neben dem Bauchstiel noch eine zweite organische Verbindung mit dem Chorion und zwar an dem entgegengesetzten Körperende des Embryos statuiren.

Wie wir sehen, kommen wir bei diesem Erklärungsversuche auf unlösbare Widersprüche, und es entsteht daher die berechtigte Frage, welche andere Deutung an deren Stelle zu setzen sei. Ich glaube, dass hier **nur** eine Annahme im Stande ist, alle Schwierigkeiten **zu** beseitigen, nämlich die, dass Thomson **bei seinem** Embryo II Kopf- und Schwanzende verwechselt hat, **und der** von Thomson als Kopf bezeichnete Theil in Wirklichkeit das Caudalende darstellt. Der mit dem Chorion in fester Verbindung **stehende häutige Fetzen** würde dann nichts Anderes als mein Hautstiel sein, während das Amnion, das ebenso **wie bei Fall I den Embryo** eng umhüllt, von Thomson übersehen **worden ist. Dieser** letzteren Annahme, **die** auch Bischoff theilt, steht **um so** weniger etwas **im** Wege, **als bei** Embryo I, der fast die gleichen Verhältnisse wie Embryo **II zeigt, das Vorhandensein des** Amnions nicht nur von

Bischoff und Kölliker, sondern auch von His selbst angenommen wird.

Die Gründe, welche mich bestimmen, eine derartige Verwechselung anzunehmen, sind folgende:

1. Allen Thomson war nicht Eigenthümer des Eies, dasselbe war im Besitze des Dr. John Reid, der ihm nur die Untersuchung gestattete. Ob dieselbe mit der erforderlichen Gründlichkeit ausgeführt werden konnte, scheint daher in Hinblick auf die Erfahrung bei Fall I fraglich.

2. Gründe, welche Thomson bestimmten, den in seiner Zeichnung (II 3 und 4) nach oben gerichteten Theil als Kopfende zu bezeichnen, sind nicht angegeben. Die einzige Stelle im Text, die über diesen Punkt handelt, sagt, dass am Vertebralkanal Kopf- und Schwanzende leicht zu unterscheiden waren.

3. Giebt Thomson an, dass der Embryo verletzt gewesen sei. Diese Verletzung erstreckte sich auch auf die Medullarrinne, die, wie man aus den von His nachträglich publicirten Zeichnungen schliessen muss (namentlich aus der mit a bezeichneten), quer abgerissen war, wenn anders die beiden Spitzen verständlich sein sollen, in welche die Ränder der Medullarrinne auslaufen. Nimmt man nun an, dass der abgerissene Theil das Kopfende gewesen sei, so wird es auch erklärlich, dass auf den Zeichnungen die Hirncontouren fehlen, die bei Embryonen dieses Alters doch angedeutet sein müssten.

Vergegenwärtigt man sich, dass die Medullarrinne in der Mitte im Schliessen begriffen war, und dass das eine Ende noch deutlich klafft, während das andere abgerissen ist, so erscheint es durchaus begreiflich, dass der weitere, klaffende Theil der Rückenfurche für den Hirntheil erklärt wird, namentlich wenn sich der Autor über die Ausdehnung der Verletzung nicht vollständig klar gewesen ist. Dass letzteres aber bei Thomson der Fall war, geht aus einem Vergleich der Ab-

bildungen seiner Publication vom Jahre 1839 mit den von His
publicirten Zeichnungen hervor.

4. Die Angabe Thomson's[1]), die sich auf das Herz bezieht, spricht nicht unbedingt gegen diese Auffassung. Dieselbe lautet: „Unter dem Kopfende des Embryos, zwischen
diesem und dem Dottersack sah ich eine unregelmässig gestaltete Masse, welche die Stelle des Herzens andeuten mag,
wenn sie nicht dieses Organ selbst ist."

Es ist nachträglich schwer zu sagen, was es mit dieser
„unregelmässig. gestalteten Masse" für eine Bewandtniss hat,
da leider eine reine Profilansicht des Embryos in der Publication
Thomson's nicht vorliegt. Die Thomson'sche Zeichnung II₁
ist zur Entscheidung dieser Frage nicht geeignet, da Embryo
und Nabelblase einen Winkel mit einander bilden.

His giebt allerdings nach einer bis jetzt nicht publicirten
Zeichnung Thomson's eine Darstellung des Embryos in Profilansicht, leider ist es aber nicht die Originalzeichnung, die His
mittheilt, sondern eine behufs Vergleich mit anderen Embryonen
auf fünffache Vergrösserung umgezeichnete Figur. Solche auf
gleiches Maass gebrachte Zeichnungen sollen aber, wie His
selbst sagt[2]), feinere Details nicht enthalten, die Zeichnung ist
daher zur Entscheidung dieser Specialfrage kaum zu verwerthen.
Aber selbst angenommen, dies wäre der Fall, so bleibt immer
noch die Möglichkeit offen, dass die „unregelmässig gestaltete
Masse" gar nicht dem Embryo, sondern der Nabelblase angehört. His hat bekanntlich selbst darauf aufmerksam gemacht
und durch Zeichnungen versinnlicht, dass bei Embryonen dieser
Altersstufe die Nabelblase durch einen am unteren Rand befindlichen Einschnitt in einen keilförmigen hinteren und einen
ellipsoiden vorderen Theil geschieden wird und dass ersterer

---

[1]) a. a. O. Seite 132.
[2]) His. a. a. O. II. Seite 2.

sockelartig zwischen die untere Rumpfhälfte und den Haupt-
theil der Nabelblase sich einschiebt. Es scheint mir nun den
Kreis berechtigter Deutung durchaus nicht zu überschreiten,
wenn man annimmt, dass die vermeintliche Herzanlage nichts
Anderes als dieser keilförmige Theil der Nabelblase gewesen
ist und zwar unbeschadet der schwachen Kerbe, die Thomson in seiner Zeichnung II₄ an dem Contour des unteren Randes
der Nabelblase darstellt.

Wer Gelegenheit hatte, Embryonen frühesten Alters zu untersuchen, wird mir beipflichten, wenn ich behaupte, dass es
sogar Fälle geben kann, in denen es schwer fällt, zu unterscheiden, was Embryo und was Nabelblase ist; namentlich
bei Präparaten, die in Alkohol gelegen haben, ist der Unterschied oft sehr verwischt. Dass selbst nach präcisen Angaben
eine solche nachträgliche Deutung nicht ausgeschlossen, lehrt
Embryo I. Hier sagt Thomson: „Das eine Ende des Embryo
offenbar das Kopfende (in der Zeichnung nach links gerichtet),
war beträchtlich dicker als das andere und hatte eine
abgerundete Form. . . . Ein dunklerer und dicker Theil zwischen
dem Kopfende des Embryos und der Oberfläche des Dotters
scheint mir die Stelle des rudimentären Herzens anzudeuten."
Trotzdem glaubt His, das entgegengesetzte Ende als Kopfende ansehen zu müssen. Er sagt: „Ich halte nämlich das
rechte Ende der Figur für das Kopfende und nehme an, dass
das linke Ende den stark im Winkel gebogenen Bauchstiel enthalten hat."

Da hinsichtlich der übrigen Verbindungen Thomson nur
von Verklebungen spricht, so komme ich zu dem Schluss, dass
das distale Körperende des Embryos II in der That durch einen
festen Hautstiel mit dem Chorion verbunden war.

Bei dem ersten Embryo fehlt bekanntlich der häutige Lappen;
es scheint mir aber die Annahme berechtigt, dass auch in diesem
Falle die häutige Brücke zwischen Embryo und äusserer Ei-

haut vorhanden war und dass dieselbe bei Eröffnung des Eies
abgerissen wurde.

War die Allantois, was wohl angenommen werden muss, schon
gebildet, so steht der Annahme, dass bei Eröffnung des Eies eine
Läsion eintrat, um so weniger etwas im Wege, als die Verbindung
zwischen Embryo und Allantoisblase, wie mein Embryo lehrt, eine
sehr wenig ausgedehnte und die ganze Situation der Allantois eine
derartige ist, dass sie ausserordentlich leicht abbrechen kann.

---

## Johannes Müller, 1840.[1])

Johannes Müller schildert zunächst den Zwischenraum
zwischen Amnion und Chorion bei jungen menschlichen Eiern
und die darin enthaltene gallertige Flüssigkeit. „Da gleichzeitig", fährt er fort, „an der Innenwand des Chorions sich eine
dünne Hautschicht ablösen lässt, so gewinnt es den Anschein,
als ob die Flüssigkeit in einem Sack eingeschlossen wäre. In
der Gallerte sind spinngewebsartige Fäden vorhanden, die
zwischen dem Häutchen und dem Amnion sich ausspannen.
Von mehreren, namentlich von Velpeau ist diese Masse incl.
Häutchen für die Allantois erklärt, was aber niemals bewiesen
und sehr unwahrscheinlich ist."

„Die Allantois zeigt bei dem Menschen Uebereinstimmung mit dem Verhalten bei Nagern. d. h. sie erscheint
als schmales gegen das Chorion sich verlängerndes
Bläschen, das nur bestimmt ist, die Nabelgefässe zum Chorion
zu bringen und in diesem einzupflanzen. Hierher sind die Beobachtungen zu rechnen, wo an sehr jungen Embryonen 2 Bläschen mit Stielen aus dem Bauche des Embryos hervorgingen."

Diese Beobachtungen werden schliesslich einzeln angeführt
und dann die Gefässverbindung des Embryos mit dem Chorion erörtert. Die Ausführungen schliessen sich an diejenigen Baer's an.

---

[1]) Johannes Müller, Handbuch der Physiologie des Menschen. 1840.,
II. Band. Seite 711.

# Th. L. W. Bischoff, 1842.[1])

Bischoff spricht zunächst über die Bildung der Allantois und erörtert im Anschluss daran die Ansichten Reichert's und Coste's. Die Anschauungen des letzteren führt er auf missverstandene Auffassung der durch deutsche Forscher ent- wickelten Blättertheorie zurück.

Zu dem Embryo selbst übergehend, erklärt sich Bischoff, gestützt auf die Fälle von Thomson, Wagner, Johannes Müller, Baer u. A., sowie auf direkte Beobachtungen[2]) für das Vorhandensein einer Allantois beim Menschen. Dieselbe entwickelt sich als bläschenförmiges Gebilde aus dem unteren Ende des Embryos, ver- schwindet jedoch schon früh und zwar sobald sie die Nabel- gefässe an das Chorion (seröse Hülle) gebracht und sich in einen Strang verwandelt hat, in welchem sich die Nabelgefässe befinden.

Nach Bischoff schliesst sich das Verhalten der Allantois beim Menschen am engsten an dasjenige bei den Nagern an. Auch hier (bei den Nagern) bleibt das Wachsthum der Allantois auf eine gestielte Blase beschränkt, welche „nur an einer Seite das Chorion erreicht und ihm zur Bildung der Placenta an dieser Stelle Nabelgefässe zuführt." Bei den Nagern bleibt sie immer als Blase erkennbar, bei dem Menschen verliert sie aber auch noch diesen Charakter und ist bald ganz verschwunden.

Ferner betont Bischoff, dass der Nabelstrang zuweilen noch Ueberreste der auf einer früheren Entwickelungsstufe stehen gebliebenen Allantois (Bläschenform) enthalte, die sich

---

[1]) Th. L. W. Bischoff, Entwickelungsgeschichte der Säugethiere und des Menschen (VII. Band von Soemmerings: Vom Baue des menschlichen Körpers). Seite 115 u. d. f. Leipzig 1842.

[2]) Die direkten Beobachtungen werden leider nicht mitgetheilt.

durch Verdickung und blasenartige Auftreibung kennzeichne.
Sehr entschieden wendet er sich gegen die Ansicht, dass die
Allantois, sobald sie aus dem Embryo herausgekommen, rasch
um den Embryo, die Nabelblase und das Chorion und zwar
in der Weise herumwachse, dass das eine Blatt an das
Amnion, das andere an das Chorion sich anlege, und dass
schliesslich beide Blätter mit einander verwachsen. Diese Ansicht, die vorzugsweise von Velpeau vertheidigt würde und
nach welcher die eiweissartige Masse zwischen Amnion und
Chorion als Inhalt der Allantois anzusehen wäre (Magma réticulé), sei aus folgenden Gründen unrichtig:

1. Niemals ist es gelungen, eine Spur dieser Allantois am
Amnion oder Chorion zu entdecken; beide sind einfache Mem-
branen. Eine Beobachtung während des Aktes der Ver-
schmelzung resp. aus einer Zeit, wo sich dieselbe noch nicht
vollkommen vollzogen, liegt nicht vor.

2. Ueberall, wo ein solches Anlegen der Allantois statt-
findet (Dickhäuter, Wiederkäuer, Fleischfresser), giebt sie Gefässe ab. Das Amnion ist und bleibt aber gefässlos.

3. Die Nabelblase müsste, wenn die Allantois sich in der
angedeuteten Art entwickelte, entweder gegen das Chorion
oder das Amnion gedrängt werden; es findet sich aber dieselbe frei in dem Zwischenraum zwischen Amnion und Chorion
und zwar zu einer Zeit, wo die Allantois nicht mehr aufzu-
finden ist.

# Ed. Martin und O. Domrich, 1850.[1])

Das Ei stammt von einer 25 jährigen, schwächlichen Frau, die ihrer Aussage nach bereits mehrmals abortirt, aber niemals eine Frucht ausgetragen hatte. Die Menstruation war zuletzt am 20. April dagewesen und hatte 7 Tage lang angehalten. Am 2. Mai und die folgenden Tage fanden Cohabitationen statt. Am 28. Mai stellten sich nach einer Fahrt auf holperigem Wege empfindliche Schmerzen im Schoose ein, die anhielten und am 4. Juni zur Ausstossung des Eies führten. Die Ausstossung vollzog sich ohne die geringste Blutung; mit dem Ei, das gänzlich frei vom Decidualüberzug war, ging nur etwas wässerige Flüssigkeit ab, ein grösseres Stück Decidua wurde erst in der darauf folgenden Nacht entleert.

Das Chorion, das ringsum gleichmässig mit wenig verästelten Zotten besetzt war, hatte eine Länge von 11 mm. Dasselbe bestand aus 2 Blättern, die sich leicht von einander trennen liessen. In dem Chorion befand sich, vom Amnion eng umhüllt, ein 2,0 mm. langer Embryo; der übrige Raum war von eiweissartiger Flüssigkeit ausgefüllt.

Der Kopf des Embryos ist auffallend klein. Auf der Zeichnung ist Vorder- und Mittelhirn zu erkennen; der höchste Punkt des Medullarrohres wird von letzterem gebildet. Die übrigen Hirntheile sind nicht unterscheidbar. Von Sinnesorganen ist nur das Auge undeutlich wahrzunehmen, die Gehöranlage fehlt vollständig.

Unter dem Vorderhirn sind 4 Kiemenbogen mit 3 Spalten sehr deutlich abgegliedert. Der erste derselben ist ziemlich mächtig entwickelt und mit Ober- und Unterkieferfortsatz ver-

---

[1]) Ed. Martin und O. Domrich, Beschreibung eines menschlichen Eies aus der frühesten Zeit der Schwangerschaft. Jenaische Annalen für Physiologie und Medicin. I. Band. Seite 235. Jena 1850.

sehen. Der Zugang zur Mundbucht ist eng. Die übrigen Kiemenbogen sind sehr kurz und von gedrungener Gestalt.

Extremitäten sind nicht angelegt. Domrich, der den anatomischen Theil bearbeitet hat, bezeichnet zwar als Anlage der hinteren Extremität ein kleines Höckerchen, dasselbe entspricht aber dem Ansatz derselben nicht.

Vor dem Schlundbogen liegt das Herz. Es besitzt, wie aus der Abbildung ersichtlich, die Gestalt einer scharf gebogenen Schleife und zeichnet sich durch seine hohe Lage und verhältnissmässig bedeutende Grösse aus. Unmittelbar nach der Ausstossung der Frucht war in dem Herzen rothes Blut bemerkbar. Da dasselbe am folgenden Tage nicht mehr wahrgenommen werden konnte, glaubt Domrich, dass das Herz bei der Ausstossung und unmittelbar nach derselben noch funktionirt habe.

Der Dotterkreislauf stand in höchster Entwickelung, wie zahlreiche Gefässe auf der Nabelblase bewiesen, die Allantois dagegen war gefässlos. Domrich ist daher der Ansicht, dass der Allantoiskreislauf noch gar nicht bestanden habe und der Embryo bis zur Ausstossung nur aus den Vorräthen des Dottersackes ernährt worden sei. Es bestand mithin eine gewisse Unabhängigkeit zwischen Embryo und Mutter, wodurch, wie der Autor meint, eine Thätigkeit des Herzens auch bei gestörter Verbindung zwischen Ei und Uterus resp. Decidua ermöglicht wurde.

Ein kleiner hinter dem Herzen gelegener Wulst wird als Leber bezeichnet.

Die Nabelblase ist sehr gross und mit reichlichem, körnigem Inhalt versehen. Mit der ventralen Seite des Embryos steht sie in breiter Communication. Ihr Durchmesser beträgt 2¼ mm.

Durch den Zug der schweren Nabelblase ist eine so tiefe dorsale Einsattelung des Embryos entstanden, dass sich der Ansatz des Amnions an die seitliche Leibeswand gelöst hat. Der Körper des Embryos ist, dem Zuge folgend, aus dem Amnion herausgetreten; der von der Leibeswand gelöste Rand desselben verläuft gestreckt nach dem hinteren Körperende des Embryos.

Die Allantois ist kurz und im Vergleich zur Nabelblase klein. „Sie hat die Form eines blasigen Cylinders, der mit einem nur unbedeutend dünneren Stiel dicht hinter der Nabelblase aus der Leibeshöhle sich erhebt und membranös gefaltet sich gänsefussartig an das Chorion anlegt."

Die Allantois wird von Domrich einfach als ausserhalb der Leibeshöhle liegender Darm aufgefasst. Er sagt: „Die Allantois ist eine einfache Fortsetzung des Afterdarms." Das runde und verhältnissmässig dicke Darmrohr biegt sich an dem hintersten Theile der Leibeshöhle nach unten und etwas nach vorn; „aus der Leibeshöhle hervorgetreten schlägt sich der Darm fast gerade in der Mittellinie des Embryos und ein wenig mehr nach links über das Schwanzende des Rumpfes, verliert das röhrenförmige und dunkelkörnige Aussehen, indem er weiter, membranöser und faltig wird, breitet sich aber nur wenig aus, da er kurz nach seinem Austritt aus der Unterleibshöhle sich an das Chorion ansetzt. Von dem Chorion liess sich die Allantois leicht abtrennen, aber nicht als Blase, sondern als gefaltete Membran."

An der Umbiegungsstelle des Darmes in die Allantois ist eine Erweiterung des Lumens nicht wahrnehmbar, ebensowenig ist der Enddarm über den Abgang der Allantois hinaus entwickelt.

Die Abbildungen sind zum Theil von ungünstiger Seite aufgenommen, wodurch das Verständniss derselben erschwert ist.

Der Embryo ist etwas weniger entwickelt als der von R. Wagner abgebildete und auf 21 Tage geschätzte, mit dem er im Uebrigen grosse Uebereinstimmung zeigt. Domrich kommt daher, indem er gleichzeitig alle übrigen in Betracht kommenden Punkte sorgfältig abwägt, zu dem Schlusse, dass sein Embryo nicht ganz drei Wochen alt gewesen sei.

## J. L. C. Schröder van der Kolk, 1851.[1])

Das Ovulum stammt von einer Frau, die 14 Tage nach der letzten Menstruation einen heftigen Schreck hatte und seit dieser Zeit ein Gefühl von Schwere im Leibe verspürte. Bevor noch die nächste Periode eintrat, wurde die Frucht ausgestossen, deren Alter mithin, den Beginn der Schwangerschaft nach der zuletzt aufgetretenen Menstruation vorausgesetzt, nur zwischen 14 Tagen und 3 Wochen schwanken kann. Schröder van der Kolk schätzt dasselbe auf 14 Tage.

Das Ovulum kam ganz frisch zur Untersuchung. Diese wurde nach des Autors Angabe von Bischoff controlirt, der die Ergebnisse, wie aus einzelnen Bemerkungen in der Beschreibung hervorgeht, bestätigte.

Der Embryo hat eine Länge von 1,8 mm. Der Rücken ist in mässigem Grade concav eingebogen; der Kopf ist sehr gross, sein längster Durchmesser beträgt 0,9 mm. Sinnesorgane sind noch nicht angelegt, ebenso fehlt jede Spur von Extremitäten. Das Amnion, von dem Schröder van der Kolk annimmt, dass es am Rücken des Embryos noch nicht geschlossen war, wurde bei Eröffnung der Frucht verletzt. Als Residuen desselben finden sich einige Fetzen, die sich vom Rücken des Embryos abheben. Von Kiemenspalten konnten nur zwei deutlich nachgewiesen werden, während eine dritte sich angedeutet fand; Bischoff glaubt dagegen, dass vier Spalten vorhanden waren.

Das Herz ist von der Nabelblase grösstentheils bedeckt und daher in der Profilansicht nur in geringem Maasse sichtbar. Nachdem die Nabelblase zur Seite gelegt, lässt es sich

---

[1]) J. L. C. Schröder van der Kolk, Waarnemingen over het maaksel van de menschelijke Placenta en over haren bloeds-omloop. in Verhandelingen de eerste klasse des koninklijk-Nederlandschen Instituuts. Dreede Reeks, vierden Deels (3. Reihe, 4. Theil, erstes Stück) Seite 69. Amsterdam 1851

von der Ventralseite überblicken. Man unterscheidet den Bulbus aortae, den Ventrikeltheil und den Sinus venosus. Der Ventrikeltheil ist getheilt, er besteht, wie der Autor meint, aus 2 Kammern.

Die Nabelblase übertrifft den Embryo bei Weitem an Grösse. Ihre Länge beträgt 3,3, ihre Breite 2,0 mm. Mit ihrem etwas verjüngten Theil inserirt sie sich in breiter, von der Herzgegend bis zum Schwanzende der Frucht sich erstreckender Ausdehnung an den Embryo. Sie hat ein flockiges, ungleichmässiges Aussehen; von dem Vorhandensein von Blutgefässen auf derselben konnte sich Schröder van der Kolk nicht überzeugen. Dieselben fehlten auch in dem Embryo.

Hinter der Nabelblase liegt die Allantois, die durch ihre ausserordentliche Grösse auffällt. Sie scheint, wie der Autor sagt, bei oberflächlicher Betrachtung gleichsam aus zwei Theilen zu bestehen, aus einer kleineren, blasenförmigen und einer ausgebreiteten, hautartigen Partie, die durch eine tiefe Furche von einander getrennt sind.

Dieses Verhalten tritt aber keineswegs nur bei „oberflächlicher Betrachtung" hervor; eine aufmerksame Musterung der Abbildungen ergiebt vielmehr in Uebereinstimmung mit den weiteren Ausführungen Schröder's van der Kolk, dass dasselbe der wirklichen Sachlage entspricht. Aus dem hinteren, leicht kolbenartig angeschwollenen Körperende der Frucht entspringt die Allantois, die als Blase von mässiger Ausdehnung [1]) (sie ist etwa halb so lang als der Embryo) frei von dem Schwanzende des Embryos sich abhebt und an das Chorion anlegt, ohne indess, wie aus Beschreibung und Abbildung geschlossen werden muss,

---

[1]) Die Länge der „Allantois" von dem Stiel bis zur Anheftung giebt Schröder auf 2,4 mm., die Breite auf 1,8 mm. an. Diese Maasse beziehen sich jedoch auf die Allantoisblase incl. häutigen Theils.

an letzteres direkt angeheftet zu sein. Ueber dieser **Blase**
**liegt eine** dünne Haut, die **gesondert von dem**
**hinteren** Körperende des Embryos ihren **Ursprung**
**nimmt, sich bogenartig auf die** Allantois **über-**
schlägt, **diese lose bedeckt und alsdann** an das
Chorion **sich anheftet. Dieses Blatt, das** zweifellos
mit meinem **Hautstiel identisch ist, führt** Gefässe. Man
sieht deutlich **ein feines Gefäss** aus dem hinteren Körperende
des Embryos heraustreten und in der dünnen Haut verlaufen. An
der Stelle, wo sich letztere an das Chorion anheftet, geht auch
das Gefäss auf das Chorion über, nachdem es vorher mit der
Haut die Allantois lose bedeckt, oder genauer gesagt, längs
dem Rande der Allantoisblase verlaufen war. Schröder van
der Kolk sagt ausdrücklich: „Man sieht ein Blutgefäss „niet
vastgehecht aan de allantois, maar aan het zeer teedere dunne
weivlies, hetgeen de allantois los bedeckt", und an anderer
Stelle, dass dieses Gefäss „niet onmiddelig met de allantois
zelve zamenhangt".

Das Chorion führt ebenfalls Gefässe. Diese Gefässe verlaufen in einem besonderen „Gefässblatt", das die Innenfläche
des Chorions überzieht, sich aber von demselben abtrennen lässt.
Bei dieser Manipulation ergiebt sich, dass kleine Zweige von
den grösseren auf dem Gefässblatt verlaufenden Gefässen in
das eigentliche Chorion eindringen. Das „Gefässblatt" des
Chorions hängt mit der gefässführenden Haut, welche die Allantois bedeckt, unmittelbar zusammen.

## Schröder van der Kolk, 1861.[1])

Im Anschluss an die vorstehende Beobachtung aus dem Jahre 1851 giebt Schröder van der Kolk die Beschreibung von vier weiteren jungen menschlichen Eiern mit blasenförmiger Allantois, von welchen eins dem Uterus einer verstorbenen Frau entnommen wurde und ganz frisch zur Untersuchung gelangte. Von diesen Beobachtungen, die in Deutschland nicht die ihnen gebührende Beachtung gefunden zu haben scheinen, hebe ich besonders No. 3 und No. 4 hervor, da dieselben neben einer freien blasenförmigen Allantois ein hautartiges Band zwischen Embryo und Chorion aufweisen, das auch hier Träger der zwischen beiden verlaufenden Gefässe ist.

Die Eier No. 1 und No. 2 sind wahrscheinlich nicht normal, als Glieder in der Reihe der Beobachtungen von Schröder van der Kolk aber doch erwähnenswerth. Ich halte es daher für angemessen, auch von ihnen ein kurzes Referat zu geben.

Beobachtung I. Das Ei, über dessen Vorgeschichte nichts mitgetheilt wird, war bereits längere Zeit in Spiritus aufbewahrt worden und durch die Einwirkung desselben mehr oder minder verändert und wahrscheinlich auch sonst beschädigt. Es hatte einen Durchmesser von 8 mm. Nach vorsichtiger Eröffnung zeigte sich das Innere mit zahlreichen Strängen und Fäden angefüllt, die die Untersuchung sehr erschwerten. Der Embryo, dessen Länge 2 mm. beträgt, ist vollkommen gestreckt und von der Nabelblase noch nicht abgeschnürt, er liegt derselben in seiner ganzen Länge auf. Nur das Kopfende erhebt

---

[1]) Schröder van der Kolk, Over de Allantois en hare vorming en veranderingen in den Mensch in Verhandelingen der Koninklijke Akademie van Wetenschappen. Negende Deel, Amsterdam 1861.

sich etwas von dem Dottersack, was aber wahrscheinlich nur
durch Zug der erwähnten Fäden und Stränge veranlasst ist.
Eine Herzanlage war nicht wahrzunehmen; auch das Verhalten
des Amnions, das verletzt war, konnte nicht mehr ermittelt
werden.

An dem hinteren Körperende des Embryos erhebt sich eine,
von Schröder van der Kolk als Allantois gedeutete Blase,
die an ihrem distalen Ende in drei Zipfel getheilt ist und frei
endigt. Die Länge der Allantois, die bereits die Andeutung
eines Stiels besitzt, beträgt nach Schätzung der Zeichnung ungefähr ein Drittel der Länge des Embryos.

Der Autor will wegen der grossen Zartheit dieser Theile
und wegen der vielen Stränge und Fäden, die die Uebersicht
erschweren, keine Schlüsse aus dieser Beobachtung ziehen.

Beobachtung II. Das Ei stammt von einer Frau, bei
der die Menses nicht ausgeblieben waren und die sich daher
nicht für schwanger hielt. Schröder van der Kolk glaubt,
dass es 14 Tage nach stattgefundener Empfängniss (17 Tage
nach der letzten Menstruation) ausgestossen wurde. Es gelangte in ganz frischem Zustand in die Hände des Autors
und wurde untersucht, nachdem es nur wenige Tage in Spiritus
gelegen hatte. Als Ursache des Aborts wird ein Sturz von der
Treppe angegeben.

Das Ei hatte einen Durchmesser von ungefähr 1½ cm.
Das Chorion war ringsum mit Zotten besetzt und vollkommen
unbeschädigt. Embryo und Nabelblase verhielten sich ganz
wie in Fall I. Von dem auch hier 2 mm. langen Embryo ist
das Kopfende noch wenig entwickelt, dagegen ist in der Mitte
des Embryonalkörpers eine Verdickung vorhanden, die Schröder
van der Kolk auf die Bildung des Herzens bezieht. Sehr
bemerkenswerth ist das Verhalten des Amnions; dasselbe ist
auf der Dorsalseite des Embryos in weitester Ausdehnung offen
und geht mit seinen Rändern direkt in die äussere Eihaut über.

Auch hier ist eine Allantois vorhanden, die sich aber durch ihre eigenthümliche Beschaffenheit vor anderen Fällen auszeichnet. Die fast kugelförmige Blase, die mit einem deutlichen Stiel aus dem hinteren Leibesende des Embryos entspringt, besitzt einen Durchmesser von 4 mm., ist also doppelt so gross als der Embryo und auch weit grösser als die Nabelblase. Ihre Oberfläche ist mit buckelartigen Ausstülpungen und Zotten (Stacheln) besetzt, die zum Theil in deutliche Spitzen auslaufen, welche mit dem Chorion in Verbindung treten. Hierdurch erhält das Organ ein ganz fremdartiges Aussehen. Die Zotten waren, wie der Autor angiebt, so scharf umschrieben und deutlich, dass eine Verwechselung mit den im vorigen Ei so massenhaft vorhandenen Fäden und Strängen (Membrana media) seiner Ansicht nach ausgeschlossen erscheint.

Beobachtung III.[1]) Das Ei wurde von Donders bei einer Obduktion aufgefunden und von Schröder van der Kolk kurz nach Eröffnung des Fruchthälters besichtigt. Dabei zeigte sich das Ovulum noch in ganz frischem Zustande, die Blutgefässe waren überall mit Blut gefüllt. Leider wurde aber das Präparat vor der bald darauf erfolgenden genaueren Untersuchung in Wasser und dann in Spiritus gebracht, wodurch neben anderen Veränderungen auch das Blut ausgezogen und die Gefässe weniger deutlich wurden.

Schröder van der Kolk giebt zunächst eine Beschreibung von der Gebärmutter und der Decidua vera und reflexa, woraus hervorgeht, dass diese Theile vollständig normales Verhalten zeigten. In der Reflexa ist das Chorion eingeschlossen.

In dem geöffneten Ei sieht man den Embryo, der in seiner Entwickelung noch etwas weiter vorgeschritten als der früher

---

[1]) In der Arbeit von Schröder van der Kolk wird der hier nochmals reproducirte Fall vom Jahre 1851 mit No. 3 bezeichnet. Die obige Beobachtung ist mit No. 4 des genannten Autors identisch.

von Schröder van der Kolk beschriebene. Der Kopf ist stärker entwickelt als in den beiden vorhergehenden Fällen, das Mittelhirn bildet nach der Zeichnung bereits den Scheitel-punkt des Medullarrohrs. Von den Sinnesorganen wird aus-drücklich erwähnt, dass die Augen noch nicht angelegt seien; ebensowenig ist eine Spur von Extremitätenanlagen zu erkennen. Der erste Kiemenbogen ist noch nicht vollständig, der zweite und dritte dagegen deutlich abgegliedert. Hinter dem letzten Kiemenbogen ragt das Herz als ansehnlicher Wulst hervor, und hinter diesem entspringt die Nabelblase, ersteres zum grössten Theil bedeckend und bereits mit einem kurzen Stiel versehen. Sie bildet eine ansehnliche Blase, die an ihrer dem Embryo ent-gegengesetzten Peripherie an das Chorion durch ein dünnes häutiges Gewebe angeheftet ist.

Das Amnion umschliesst den Embryonalkörper eng, ist aber noch nicht vollkommen geschlossen, sondern am Rücken der Frucht an das ziemlich weit vom Embryo abstehende Chorion angeheftet.

Aus dem hinteren Ende der Frucht erhebt sich die Allantois. Dieselbe stellt eine verhältnissmässig grosse und breite Blase dar, die aber an Grösse hinter der Nabelblase zurücksteht. Vor dieser Blase entspringt aus dem hinteren Körperende der Frucht ein hautartiger Stiel, der an seinem embryo-nalen Ursprung schmal, sich allmählich verbreitert und mit breiter Basis sich fest an das Chorion an-heftet. In dieser membranartigen Verbindung zwischen Embryo und Chorion lassen sich mit Sicherheit Gefässe nachweisen; ebenso ist auf der Allantoisblase ein Gefäss sichtbar.

Beobachtung IV. Das Ei ging Schröder van der Kolk bereits eröffnet zu und war vor der Untersuchung schon längere Zeit in Spiritus aufbewahrt worden. Es ist etwas kleiner

als das unter Nr. 2 beschriebene und besitzt auf einer in natürlicher Grösse gegebenen Abbildung etwas über 1 cm Durchmesser. In dem mit Zotten besetzten Chorion ist ein kleiner
Embryo von 1,80 mm. Länge vorhanden, der stark über die
Ventralseite gekrümmt erscheint. Der Kopf ist verhältnissmässig mächtig entwickelt; wie sich durch die zarte Amnion-
bedeckung mit Sicherheit feststellen lässt, sind Augenanlagen
nicht vorhanden. Das hintere Ende läuft in einen abgerundeten
Stumpf aus. Unter dem Vorderhirn sind drei Kiemenbogen
erkennbar. Das Herz wird durch eine starke ventrale Ausbuchtung unterhalb der Schlundbogen repräsentirt. Das Amnion
umhüllt den Embryo anscheinend knapp, ist aber auch hier
am Rücken- resp. Kopfende der Frucht an das Chorion angeheftet, jedoch wie der Autor meint, auf dem Punkt, sich von
dieser Eihaut zu isoliren.

Die Nabelblase, eine dünnwandige, bereits gestielte Blase,
ist auf der linken Seite des Embryos gelagert. Ihre Wandungen sind durchscheinend, die Länge beträgt 2,60 mm.

Die Allantois verhält sich ähnlich wie in meinem Fall.
Aus dem hinteren Körperende kommt eine langgestreckte, cylindrisch oder leicht conisch geformte,
dickwandige Blase hervor, die „auf den ersten Blick
fast die Fortsetzung des Körpers selbst oder den
Schwanz zu bilden scheint". Dieselbe läuft in einen
spitzen Zipfel aus und besitzt eine Länge von 1,12 mm.
Gefässe sind auf dieser Blase nicht erkennbar.

Vor dieser Blase erhebt sich auch hier ein haut-
artiges Band von dem hinteren Körperende des
Embryos, das sich nach gestrecktem Verlauf an das
Chorion anheftet. Diese häutige Verbindung hat die
Form einer hohlen, und da es mit schmaler Wurzel am Embryo
entspringt und sich breitbasig an das Chorion inserirt, conischen
Rinne. In dieselbe treten vom Caudalende des Em-

bryos 2 Gefässe (Umbilicalarterien) ein. Ein Theil der Insertion am Chorion ist bei Eröffnung des Eies künstlich abgetrennt
worden, wodurch der Anschein entsteht, als ob das Band mit
einer runden Oeffnung endige.

Nach Besprechung vorstehender Beobachtungen erörtert
Schröder van der Kolk die verschiedenen Ansichten
über die erste Bildung der Allantois und nimmt im Anschluss
daran Veranlassung zur Aufstellung folgenden Entwickelungs-
ganges derselben:

Die Allantois entwickelt sich beim Menschen sehr früh
als Blase, die mit kleinen Ausstülpungen versehen ist. Diese
Ausstülpungen verlängern sich zu Strängen, die ihrerseits mit
dem Chorion in Verbindung treten. Ist diese Verbindung erfolgt, so tritt die Rückbildung der Allantois ein, d. h. sie spaltet
sich, wenn ich den Autor recht verstehe, in zwei Theile. Der
eine Theil bildet eine conische Rinne, als deren Verlängerung
die eben genannten Stränge anzusehen sind, der andere Theil
wird zum Urachus.

Nachdem hierauf der Autor sich des längeren über die
Membrana media verbreitet hat, untersucht er die Frage, auf
welche Weise die Blutgefässe von dem Körper des Embryos
auf das Chorion gelangen, ob die Allantois Trägerin dieser
Gefässe ist oder ob sich die Gefässe unabhängig von derselben durch die dicke Eiweisslage zwischen Amnion und Chorion
hindurch direkt nach letzterer Eihaut begeben. Schröder
van der Kolk kommt auf Grund seiner Beobachtungen zu
dem Ergebniss, dass auf der Allantoisblase wohl ein einzelnes
Gefäss angetroffen wird, dass aber der grösste Theil der Gefässe mit derselben in keinem Zusammenhang steht, sondern
sich direkt aus dem hinteren Körperende nach dem Chorion
begiebt. Diese Blutgefässe sind durch ein höchst dünnes und
durchscheinendes Häutchen verbunden.

Dieses Häutchen hielt Schröder van der Kolk in

seiner ersten Publication für die seröse Hülle; da es aber die
Allantoisblase bedeckt, kam er von dieser Anschauung zurück
und nimmt jetzt an, dass in der zwischen Amnion und Chorion
befindlichen Masse, die in ausserordentlichem Grade zu Haut-
bildungen neige, zugleich mit dem Austreten der Blutgefässe
eine dünne Haut neu entstehe, auf der sich die Gefässe aus-
breiten, die sich alsdann an das Chorion anheften und auf der
Innenfläche desselben verzweigen. Hinsichtlich der Entstehungs-
zeit dieser Haut glaubt Schröder van der Kolk, dass dieselbe nicht vor Anheftung der Allantois an das Chorion auftrete.

## C. Bruch, 1866.[1])

Im Sommer 1862 erhielt Bruch den molenartigen Abgang
einer Mehrgebärenden mittleren Alters, die 5 Wochen vorher
zum letzten Mal menstruirt gewesen war. Nach Auswaschen
eines faustgrossen Blutklumpens kam ein haselnussgrosses Ei
zum Vorschein, das ringsum mit Zotten besetzt war. Auf einer
Seite waren dieselben stärker entwickelt, zeigten Verästelungen
und standen dichtgedrängt; die entgegengesetzte Seite des
Ovulums war hingegen spärlicher besetzt.

Nach Durchschneidung der äusseren Eihaut präsentirte
sich eine grosse, glattwandige, mit röthlicher Flüssigkeit gefüllte
Höhle, die wandständig ein kleines, wasserhelles, erbsengrosses
Bläschen enthielt, das seinerseits einen 2 Linien grossen Embryo
in sich beherbergte.

Dieses Bläschen oder das Amnion sass breitbasig der
äusseren Eihaut auf. Der in demselben enthaltene Embryo
war über die Ventralseite gekrümmt und gleichzeitig wind-

---

[1]) C. Bruch. Untersuchungen über die Entwickelung der thierischen Gewebe. Abhandlungen, herausgegeben von der Senckenbergischen naturforschenden
Gesellschaft, VI. Band. Seite 251. Frankfurt a. M. 1866—1867.

schief. d. h. Kopf- und Schwanzende waren nach verschiedenen
Seiten gerichtet. Die Betrachtung vom Rücken her ergab,
dass das Medullarrohr eben geschlossen war, dasselbe schimmert
durch die Rückenplatte deutlich hindurch. Der Kopf zeigt
eine „dreifache Ausbuchtung". Kiemenbogen sind nicht erkennbar. Das schlauchförmige Herz ragt schleifenartig aus der
ventralen Seite hervor. Unter demselben finden sich
zwei blasenartige Gebilde. Zunächst die Nabelblase, bereits durch einen deutlichen Stiel mit dem Embryo
in Verbindung stehend, und dann näher dem Schwanzende ein gestieltes, kolbiges Organ, die Allantois,
die in die Höhle des Amnions hineinragt.

Die Nabelblase stellt einen grossen, sackartigen Anhang
von birnförmiger Gestalt dar, der, wie an dem doppelten Contour
der Wandung deutlich erkennbar, hohl ist und durch filzartige
Fäden mit der äusseren Eihaut zusammenhängt. An einzelnen
Stellen der Oberfläche finden sich buckelartige Auswüchse;
Blutgefässe sind auf derselben nicht wahrnehmbar.

Die genauere Untersuchung der Eihäute ergab folgendes:

An der äusseren Eihaut lassen sich zwei Lagen unterscheiden und abtrennen. Die nach aussen gelegene ist derb,
nicht dehnbar und trägt die bereits vielfach verästelten und zu
Bäumchen entwickelten Zotten. Sie besitzt ein einfaches, aus
kleinen rundlichen, kernhaltigen Zellen bestehendes Epithel,
das sich von den grösseren Zotten nach Behandlung mit Natron
in Form einer zusammenhängenden Schicht ablösen lässt. Unter
dem Epithel befindet sich eine Schicht Grundsubstanz, der in
wechselnder Menge, zu Zügen angeordnet oder sich kreuzend,
bald in dichter Anordnung, bald spärlicher, grosse spindel-
förmige Körperchen von dunkelem, körnigen Aussehen eingelagert sind. Stellenweise sind sie mit langen, fadenförmigen
Ausläufern versehen, die theilweise mit einander anastomosiren
und sich in die homogene Grundsubstanz verlieren.

Im Zusammenhang mit dieser Lage steht durch lockeres Bindegewebe und ganz allmählich in dieselbe übergehend die innere Schicht. Dieselbe ist weicher, dehnbarer, lockerer als die äussere Schicht, hat ein bindegewebiges Ansehen und zeigt stellenweise feine lockige Fibrillen und Faserzüge. Gefässe sind nicht nachweisbar.

Mit dieser inneren bindegewebigen Schicht hängt continuirlich das Amnion zusammen, das noch nicht geschlossen ist, sondern mit seinen Rändern unmittelbar in dieselbe übergeht.

Was nun die Deutung anlangt, die Bruch diesem Befunde giebt, so kann dieselbe, ganz abgesehen davon, dass offenbar einige Verwechselungen vorliegen, als mit der bisherigen Anschauung in Uebereinstimmung befindlich nicht angesehen werden. Bruch hält die äussere, Zotten tragende Eihaut für das Chorion, die innere, diese Eihaut überall auskleidende Lamelle für die seröse Hülle. Er glaubt sich zu diesem Schluss berechtigt, weil das noch nicht geschlossene Amnion in die innere Bindegewebslamelle der äusseren Eihaut umbiegt und continuirlich in dieselbe übergeht, wie durch Zug an dem Amnion festgestellt werden könne.

Die seröse Hülle besitzt nach der herrschenden Lehre kein Bindegewebe; dieses soll vielmehr erst durch Vermittelung der Allantois zugleich mit den Blutgefässen an die seröse Hülle herangebracht und diese erst durch diesen Zuwachs zum Chorion werden. Will man daher den Boden der bisherigen Lehre nicht verlassen, so bleibt, trotz des geschilderten Verhaltens des Amnions, keine andere Wahl als die äussere Zotten tragende Schicht für die seröse Hülle und die innere Bindegewebslamelle für das von der Allantois gelieferte Blatt zu halten.

Nun berichtet aber Bruch, dass die Allantois sich nicht frei in dem Raum zwischen Amnion, Nabelblase und äusserer Eihaut, sondern in das Amnion hinein sich entwickelt habe.

Nimmt man die beigegebenen Zeichnungen zu Hilfe, so

ergiebt sich, dass in diesem Fall die Verhältnisse genau so
liegen, als in dem Fall Nr. IV von Baer. Auch hier hatte
sich die Allantois in das Amnion hinein entwickelt, ein Verhalten, das ganz unverständlich wäre, wenn nicht Baer
auch die Erklärung dazu gegeben hätte. Die Anomalie ist
nämlich zurückzuführen auf ein zu frühzeitiges Abheben des
Amnions von dem Embryonalkörper. Die Entstehung des Amnions fällt in eine frühere Zeit als die Entstehung resp. die
volle Entwickelung der Allantoisblase. Wird nun das Amnion
sehr frühzeitig von dem embryonalen Körper beträchtlich abgehoben, umgiebt dasselbe den Embryo nicht, wie normal in
diesem Entwickelungsstadium, als eng anliegende Hülle, so
muss die wachsende Allantois den Raum, in den ihre Entwickelung normaler Weise hinein erfolgt, bereits durch das
ausgedehnte Amnion occupirt finden, d. h. die Spaltungslücke
der Keimblätter wird von dem Amnion vollständig ausgefüllt.
Es bleibt daher der wachsenden Allantoisblase nur übrig, das
Amnion vor sich herzustülpen, sie wächst, das Amnion bruchsackartig mit sich nehmend, in den Amnionraum hinein. Baer
hat als ausgezeichneter Beobachter diesen Vorgang direkt erkannt, während Bruch annimmt, dass die Allantois wirklich
innerhalb der Amnionhöhle liege. Wäre nicht Bruch die ausführliche Publication dieses Falles von Baer entgangen, so
würde er gewiss ebenfalls die doppelte Amnionumhüllung der
Allantois constatirt haben. Aus der kurzen Notiz über dieses
Ovulum in der Entwickelungsgeschichte von Baer war der
wahre Sachverhalt aber schwer zu ersehen.

Nimmt man nun die oben von mir gegebene Deutung der
Eihüllen als den bisherigen Anschauungen entsprechend an, so
ergiebt sich, dass, wie auch Bruch hervorhebt, die äussere Eihaut
zum vollständigen Chorion wurde, während die Allantois durch ihre
anormale Entwickelung in den Amnionraum hinein der Einwirkung
auf die seröse Hülle entzogen war. Ich komme später auf diese

äusserst wichtige Thatsache zurück und beschränke mich hier nur auf die Constatirung derselben.

Bemerkenswerth sind ferner die Angaben von Bruch, dass von der äusseren Eihaut, d. h. der inneren Bindegewebs-lamelle derselben Fäden nach dem Amnion sich hinziehen, die in ihrer Struktur ganz mit dieser bindegewebigen Lamelle übereinstimmen, mithin nicht einfache Verklebungen, wie sie Thomson angenommen, sind. Inwieweit diese Verbindungs-stränge mit meinem Hautstiel identisch sind, lässt sich aus der Beschreibung nicht erschliessen, doch ist es, wie gesagt, immer-hin sehr bemerkenswerth, dass auch in diesem Falle eine Ver-bindung mit der äusseren Eihaut vorhanden war. Ob dieselbe nicht vom Embryo selbst ausging, muss dahin gestellt bleiben; es erscheint jedenfalls leicht erklärlich, dass bei dem bereits sehr ausgedehnten Amnion die Verbindung nur bis zu diesem verfolgt werden konnte. Die Stelle, an welcher in meinem Fall der Hautstiel entsprang, ist hier vom Amnion bedeckt; es konnte mithin ohne Zerstörung des letzteren gar nicht fest-gestellt werden, ob der Ursprung an dem Embryo selbst stattfand.

## A. Ecker, 1876.[1])

Das 12 mm. lange und 9 mm. breite durchweg mit Zotten besetzte Ei erhielt Ecker in ganz frischem Zustande. Nach Eröffnung des Chorions präsentirte sich das Amnion als 4 mm. grosses Bläschen. In demselben lag der 2 mm. lange Embryo.

Die Rückenlinie zeigt concave Krümmung ähnlich dem bekannten Coste'schen Embryo. Der Embryo ist „auf zwei

---

[1]) A. Ecker, Kleine embryologische Mittheilungen, Berichte über die Ver-handlungen der naturforschenden Gesellschaft zu Freiburg i. B. Bd. VI. 1876.

Seiten mit der inneren Fläche des Chorions verbunden, einmal durch ein faltiges Säckchen, in dessen Wand das Mikroskop zahlreiche Zellen mit körnigem Inhalt erkennen lässt, offenbar die Nabelblase, und dann durch einen hohlen Stiel, der vor der Insertion in das Chorion noch einmal kugelig anschwillt, offenbar die Allantois."

Am Kopf ist Vorder- und Mittelhirn zu unterscheiden. Ersteres besteht bereits aus zwei kugeligen Hälften, die durch einen Einschnitt getrennt sind.

Auf der ventralen Seite des Embryos ist der Herzschlauch deutlich erkennbar, „dessen unterer Schenkel mit der Dotterblase in direkter Verbindung zu stehen schien." Der Ventrikeltheil zeigt eine starke Ausbiegung nach rechts, während der venöse Schenkel eine winkelige, nach links gerichtete Knickung aufweist.

Aus der Zeichnung geht mit Sicherheit hervor, dass neben der keulenförmigen Allantoisblase auch ein häutiges Band vorhanden war, das den Embryo an das Chorion anheftete. Letzterer ist am Ursprung der Allantois aus dem hinteren Körperende des Embryos und an der Einpflanzungsstelle in das Chorion deutlich wahrnehmbar. Man sieht auf der Zeichnung, wie die Allantoisblase aufhört, bevor sie das Chorion erreicht hat, und wie die Verbindung beider durch eine dünne, hautartige Brücke gebildet wird.

Auf eine zweite Beobachtung Eckers, eine keulenförmige Allantois bei einem 3,5 mm. messenden Embryo betreffend, will ich hier nicht weiter eingehen, da der Embryo missbildet war.

# Zusammenfassung und Schlussfolgerungen.

Es lag in der Natur des Gegenstandes, dass die Referate und die daran geknüpften Bemerkungen etwas umfangreich ausfallen mussten, wenn sie ihren Zweck erfüllen, d. h. ein Urtheil über die normale oder abnorme Beschaffenheit und die Entwickelungsstufe der Embryonen ermöglichen sollten, bei welchen die hier in Betracht kommenden Bildungen zur Beobachtung gelangten. Da hierdurch aber die Uebersichtlichkeit etwas erschwert wird, halte ich es für zweckmässig, die Resultate des vorigen Abschnittes noch einmal kurz zusammenzustellen und dieser Zusammenfassung diejenigen kritischen Bemerkungen anzufügen, die ohne Gefahr häufiger Wiederholung im Anschluss an die einzelnen Fälle nicht gegeben werden konnten. Hierauf werde ich die Schlussfolgerungen formuliren, die sich aus dieser literarischen Untersuchung hinsichtlich der uns interessirenden Frage ergeben.

Die Zusammenstellung umfasst nur diejenigen Fälle, in welchen eine blasenförmige Allantois sicher constatirt wurde; von den wenig beglaubigten und unsicheren Beobachtungen sehe ich ab. Hierzu rechne ich neben der Beobachtung von Kieser zunächst die Fälle von Meckel und Weber. Ersterer fand bei einem vierwöchentlichen Embryo neben dem Nabelbläschen eine zwischen Amnion und Chorion liegende mit Flüssigkeit gefüllte Blase, während letzterer die gleiche Beobachtung bei einem noch weiter vorgeschrittenen Embryo gemacht haben will. Ich habe diese Fälle von Meckel und Weber nur deshalb in den vorigen Abschnitt aufgenommen, weil die Deutung nicht angezweifelt werden kann und das Auffinden der Allantois, wie ich dort schon hervorhob, bei vorgerückteren Embryonen einen Schluss auf das Vorhandensein in früheren Stadien gestattet, man müsste denn eine nachträgliche Bildung der Blase annehmen wollen.

Weiter sind unter diese Kategorie zu zählen die beiden Beobachtungen von blasenförmiger Allantois, die Thomson bei abnormen Eiern gemacht hat, ferner die zweite Beobachtung von Ecker, die ebenfalls ein missbildetes Ovulum betrifft, sowie Fall I und II der zweiten Publication von Schröder van der Kolk.

In den letzten Fällen war die Form der Allantois eine so abweichende, dass gerechte Bedenken hinsichtlich der normalen Natur der Stücke entstehen müssen. Dasselbe gilt folgerichtig auch von den Schlüssen, die Schröder van der Kolk namentlich an Fall II knüpft. Die Ansicht, dass ausser der häutigen Verbindung zwischen Embryo und Chorion auch die Allantois durch spitze Auswüchse mit der äusseren Eihaut in Verbindung tritt, ist abgesehen davon, dass sie sich lediglich auf diesen einen, zum mindesten zweifelhaften Fall stützt, auch schon aus dem Grunde sehr unwahrscheinlich, als diese Art der Verbindung entgegen der Annahme Schröder's van der Kolk sich rasch wieder lösen müsste, da alle übrigen in der Entwickelung diesem sehr nahestehenden Fälle dieselbe nicht zeigen. Da nun der Autor annimmt, dass das häutige Band, auf dem sich die Gefässe zum Chorion begeben, erst später neu sich bildet, so hat es den Anschein, als ob die Theorie der Bildung von Allantoiszotten und Anheftung derselben an das Chorion eine Petitio principii sei, die lediglich dazu dient, die Vorbedingung für diese Annahme zu schaffen, nämlich einen festen Stützpunkt für den Embryo an der äusseren Eihaut herzustellen, damit die membranöse Verbindung neu sich bilden kann.

Schliesslich dürften hierher zu rechnen sein die Beobachtungen von Serres[1], der mehrere Embryonen mit freier,

---

[1] M. Serres, Recherches sur les développemens primitifs de l'Embryon, de l'Allantoide de l'Homme. (Lues à l'Académie des Sciences dans la séance du 12 juin 1843.) Annales des Sciences naturelles, Seconde série. Tome vingtième. Zoologie. Paris 1843.

blasenförmiger Allantois beschreibt und abbildet. Ich habe von der Verwerthung dieser Fälle abgesehen, weil die Beschreibung mangelhaft und einige Ovula entschieden missbildet sind. In einem derselben ist bei gleichzeitig vorhandener blasenförmiger Allantois die Nabelblase mit einem fadenförmigen Stiel versehen, dessen Länge den Embryo dreimal übertrifft. Auch die Allantois ist in einem Falle an einem dünnen, fadenförmigen Stiel am hinteren Leibesende des Embryos befestigt.

Ebenso glaube ich von der bekannten Krause'schen Beobachtung, die Veranlassung zu so lebhafter Controverse gegeben hat, hier absehen zu müssen, wenngleich Krause sehr entschieden die erhobenen Bedenken zurückgewiesen hat.

Eine blasenförmige Allantois wurde beobachtet von:

1. **Pockels**. Ei Nr. 1. Angeblich zwischen dem 5.—9. Tage nach der Befruchtung ausgestossen.

    Embryo 2 mm. lang.

    Allantois hebt sich hinter dem Dottersack als keulenförmige Blase vom distalen Körperende ab und ist mit dem Chorion nicht verwachsen. Ihre Länge übertrifft die Körperlänge der Frucht um das Doppelte.

2. **Pockels**. Ei Nr. 2. Alter 16—20 Tage.

    Embryo, Maasse nicht angegeben.

    Allantois entspringt am hinteren Körperende des Embryos als gestielte, keulenförmige Blase und endigt frei, ohne mit dem Chorion zu verwachsen. Nabelblase vorhanden.

3. **Pockels**. Ei Nr. 3. Alter 4 Wochen.

    Embryo ist durch einen Nabelstrang mit der äusseren Eihaut verbunden. Maasse nicht angegeben.

    Allantois liegt als weisses Bläschen neben der Nabelblase auf dem Amnion. Ein Theil derselben ist in den Nabelstrang eingeschlossen.

4. **v. Baer.** Ei Nr. 2 der Studien. Alter 14 Tage. Von Baer
   als vollkommen normal bezeichnet.

   Embryo $^2/_3$ Linien lang.

   Allantois hat die Gestalt einer keulenförmigen Blase und
   ist halb so lang als der Embryo. Nabelblase vorhanden.

5. **v. Baer.** Ei Nr. 3 der Studien. Alter auf 3 Wochen geschätzt.

   Embryo $1^1/_2$ Linien lang. Sinnesorgane kaum kenntlich;
   Extremitäten nicht vorhanden; Nackenhöcker eben angedeutet.

   Allantois 3 Linien lang, hat die Gestalt einer keulenförmigen Blase. Der Stiel derselben ist von einem
   hellen Blatt lose umgeben, das 2 Gefässe führt und
   sich vom Stiel aus direkt auf das Chorion überschlägt,
   mit dem es verwächst. Der Körper des Harnsackes ist
   zwischen Amnion und Chorion eingelagert. Nabelblase
   vorhanden.

6. **v. Baer.** Ei Nr. 4 der Studien. Alter auf 3 Wochen geschätzt.

   Embryo kaum 1 Linie lang; missbildet.

   Allantois entspringt als wurstförmige, prall mit dicker
   Sulze gefüllte Blase aus dem hinteren Körperende des
   Embryos und hat sich in die Amnionhöhle hinein ent-
   wickelt, diese Eihaut bruchsackartig vor sich herstülpend.
   Zwischen Nabelblase und Allantois ist ein häutiges
   Gebilde vorhanden.

7. **v. Baer.** Ei Nr. 6 der Studien. Alter auf 4 Wochen geschätzt; Eihäute verbildet.

   Embryo $3^1/_5$ Linien lang, 1 Linie breit. 3 Kiemenspalten,
   Augen und Extremitäten angelegt.

   Allantois entspringt als keulenförmiges Gebilde mit
   dünnem Stiel dicht neben der Nabelblase aus dem hin-

teren Körperende des Embryos und ist zwischen Amnion und Chorion eingeschlossen; sie ist von einem
Häutchen lose umgeben.

8. **v. Baer.** Ei Nr. 8 der Studien, aus der 4.—5. Woche.
Eihäute früher bis auf einen kleinen Rest entfernt.

Embryo 5 Linien lang, Extremitäten angelegt.

Allantois ist zusammengefallen und entspringt mit einem
Stiel aus dem Hinterdarm. Nabelblase vorhanden.

9. **v. Baer.** Nr. 9 der Studien. Fünfwöchentliche Frucht mit
rudimentärem Embryo. Nabelstrang gebildet; neben
der Insertion desselben am Chorion Nabelblase und
Allantois.

10. **Coste.** Ei von 16—20 Tagen.

Embryo $1\frac{1}{4}$ Linien lang, $1\frac{1}{2}$ Linien breit. Sinnesorgane
und Extremitäten nicht angelegt.

Allantois hebt sich vom hinteren Körperende des Embryos als cylindrische, 1 Linie lange, $\frac{3}{4}$ Linien breite
Blase ab, die sich flach auf der Oberfläche des Amnions
ausbreitet und an das Chorion, das hier zarter als an
anderen Stellen ist (Magma réticulé?), inserirt. Nabelblase vorhanden.

11. **Allen Thomson.** Ei Nr. 3, wurde 6 Wochen nach der
letzten Menstruation ausgestossen.

Embryo $\frac{1}{8}$ Zoll lang, $\frac{1}{30}$ Zoll dick; ohne Sinnesorgane
und Extremitäten.

Allantois entspringt als keulen- oder birnförmiges Bläschen aus dem hinteren Körperende der Frucht und
inserirt sich (durch Vermittlung eines häutigen Blattes?)
an das Chorion. Nabelblase vorhanden.

12. **R. Wagner.** Ei von 21 Tagen.

Embryo 2 Linien lang, vom Amnion eng umhüllt.
2 Kiemenspalten und die Gehörblase angelegt. Augen
fehlen; Extremitäten angedeutet.

Allantois ist birnförmig und steht mit dem Endstück
des Darmes in Verbindung. Sie ist von einem „Gefässblatt" umgeben, das sich breit an das Chorion anlegt
und mit demselben verschmilzt. Nabelblase vorhanden.

13. **Ed. Martin** und **O. Domrich.** Ei etwas jünger als das
vorige.

Embryo 2 mm. lang. Sinnesorgane nicht angelegt; 4
Kiemenbogen.

Allantois kurz und von cylindrischer Form mit kurzem
Stiel. Sie ist wie in dem vorigen Fall von einem Blatt
umgeben, das sich „gänsefussartig" an das Chorion inserirt. Nabelblase vorhanden.

14. **Schröder van der Kolk.** Ei von 14 Tagen.

Embryo 1,8 mm. lang, ohne Sinnesorgane und Extremitäten; 2 Kiemenspalten. Neben der sehr grossen Nabelblase besitzt der Embryo eine

Allantois, die blasenförmig sich an das Chorion anlegt
und von einem Gefässe führenden Blatte lose umgeben ist,
das gesondert am distalen Körperende des Embryos
entspringt und sich an das Chorion anheftet.

15. **Schröder van der Kolk.** Das Ei, aus einer Leiche entnommen, ist etwas weiter vorgeschritten als das vorige.

Embryo besitzt 3 Kiemenbogen; Sinnesorgane und Extremitäten sind nicht angelegt.

Allantois entspringt als grosse, breite Blase aus dem
hinteren Körperende des Embryos; vor derselben inserirt
sich ein hautartiges Band, das an das Chorion festgeheftet ist und die Umbilicalgefässe trägt. Nabelblase
vorhanden.

16. **Schröder van der Kolk.** Alter des Eies nicht angegeben.

Embryo 1,8 mm. lang', stark über die Ventralseite ge-
bogen. Sinnesorgane nicht angelegt; 3 Kiemenbogen.

Allantois kommt als langgestreckte, cylindrische Blase
aus dem hinteren Leibesende hervor. Hautartige Verbindung zwischen Embryo und Chorion wie in dem
vorigen Falle. Auf derselben verlaufen 2 Gefässe.
Nabelblase vorhanden.

17. **Bruch.** Alter des Eies nicht genau bestimmbar.

Embryo 2 Linien lang, in erbsengrossem Amnion.

Allantois steht als kurzes, kolbiges und gestieltes Organ
mit dem Schwanzende des Embryos in Verbindung.
Sie ist hier wie in Fall 6 dieser Tabelle in die Amnionhöhle eingeschlossen. Nabelblase vorhanden.

18. **Ecker.** Alter des Eies nicht angegeben.

Embryo 2 mm. lang.

Allantois, keulenförmig, ist wie in dem Falle von R.
Wagner von einem Blatt umgeben, das aus dem
hinteren Leibesende des Embryos entspringt und an
das Chorion sich anlegt. Nabelblase vorhanden.

Endlich ist im Anschluss an die hier aufgeführten Fälle zu
erwähnen, dass Baer, Johannes Müller und Bischoff,
wie in diesem Abschnitt bereits mitgetheilt, sowie Kölliker[1])
im Nabelstrang junger menschlicher Embryonen die Allantois
als Blase zwischen den Umbilicalgefässen auffanden. Kölliker
giebt ausdrücklich an, dass sich diese Blase durch ihre relative
Weite ausgezeichnet habe.

Wird auch eine strenge Kritik bei vielen der angeführten
Ovula Einwendungen erheben, so beweist doch die constante
Wiederkehr desselben Befundes, dass es sich nicht um Zufälligkeit handeln kann. Dazu kommt, dass die Ausstellungen,
die bei den einzelnen Beobachtungen gemacht werden können,

---

[1]) **Albert Kölliker**, Entwickelungsgeschichte des Menschen und der
höheren Thiere. 2. Auflage. Leipzig 1879. Seite 344.

nicht so schwerwiegender Natur sind, dass sie die Beweiskraft
derselben aufheben. Bei sehr vielen Ovula sind die Eihäute
im Verhältniss zum Embryo zu gross. Dies beweist aber bekanntlich nur, dass der Embryo nach dem Absterben noch
einige Zeit in dem Uterus zurückgehalten worden ist.

Wollte man lediglich den Umstand, dass Absterben und
Ausstossen des Embryos zeitlich nicht zusammenfallen, hin-
reichend erscheinen lassen, um jede Beobachtung mit blasenförmiger Allantois zurückzuweisen, so könnte dies offenbar nur
dann einen Sinn haben, wenn man entweder eine nachträgliche
(nach erfolgtem Absterben des Embryos) Entstehung der Allantois
für möglich hielte oder gerade in der Allantois die Missbildung
erblickte, die zur Unterbrechung der Schwangerschaft führen
musste. Zu letzterer Annahme wäre man gezwungen, da viele
hierher gehörige Embryonen Missbildungen, die einen Grund
zur Unterbrechung der Schwangerschaft abgeben könnten,
nicht erkennen lassen, wie z. B. das unter Nr. 4 der vorstehenden Tabelle angeführte Ei von Baer oder das aus der Leiche
einer verstorbenen Frau entnommene Ei von Schröder van
der Kolk.

Beide Möglichkeiten sind von der Hand zu weisen. Gegen
die letztere Annahme spricht schon, wie bereits hervorgehoben,
die Häufigkeit der Beobachtung. Statistische Nachweise lassen
sich natürlich nicht erbringen; ich gehe aber so weit, zu
behaupten, dass schon jetzt unter den für diese Frage überhaupt in
Betracht kommenden Embryonen die Fälle mit blasenförmiger
Allantois die Mehrzahl bilden. Steht dies fest, so würde man
gezwungen sein, das häufigere Vorkommniss für abnorm, das
seltenere für normal zu halten.

Auf Grund vorstehender Beobachtungen halte ich
es für zweifellos, dass die bei meinem Embryo vorhandene freie blasenförmige Allantois keine Abnor-
mität, sondern das normale Verhalten repräsentirt.

Aber nicht nur der Nachweis, dass die Allantois ein normales Gebilde ist, lässt sich aus den bereits vorliegenden Beobachtungen führen; es ergeben sich bei einigen Ovula auch
Anhaltspunkte, die für das Vorhandensein einer von der Allantois gesonderten hautartigen Verbindung zwischen Embryo
und äusserer Eihaut sprechen.

Ich rechne hierher zunächst die Beobachtung Nr. 3 von Baer.

In einem verhältnissmässig grossen Chorion und weiten
Amnion befand sich ein $1\frac{1}{2}$ Linien langer Embryo, von dem
sich eine gestielte Nabelblase und ein 3 Linien langer Harnsack abheben. An letzterem unterscheidet man Körper und
Stiel, die einen rechten Winkel mit einander bilden. Der Stiel
ist von einer helleren Haut lose umgeben. Auf demselben
verlaufen zwei Gefässe. Diese gehen nicht auf den Körper
des Harnsacks über, sondern verlassen den Stiel an der erwähnten rechtwinkeligen Biegung, um sich direkt auf das Chorion
zu begeben.

Da nun, wie aus dem Manuscript Baer's und der Abbildung hervorgeht, die Stelle der Allantois, wo Stiel und
Körper zusammenstossen, an das Chorion festgeheftet war, so
erscheint die Annahme gerechtfertigt, dass die den Stiel be-
deckende und auf dem Körper des Harnsackes fehlende Haut
an dieser Stelle die Allantois verlassen und auf das Chorion
übergegangen ist. Aus der Zeichnung geht aber weiter hervor, dass die beiden Gefässe, die, wie wir sahen, an derselben
Stelle die Allantois verlassen, auf dieser Haut nach dem Chorion
verlaufen.

Ich komme daher entgegen der Annahme Baer's, der das
Abheben einer „Gefässhautschicht" von der Allantois nicht
wahrnehmen konnte, zu dem Schluss, dass in diesem Falle
genau wie bei meinem Embryo ein häutiges Band vorhanden
war, welches auch hier den Anfangstheil der Allantois über-
deckte und sich an das Chorion inserirte. Der Baer'sche Fall

unterscheidet sich nur insofern von dem meinigen, als die Nabelgefässe auf dem häutigen Bande hier direkt nachweisbar sind.

Handelt es sich nun hier um das Abheben des „Gefässblattes" der Allantois oder ist das häutige Gebilde meinem
Hautstiel homolog, der mit der Allantois nichts zu thun hat?
Auch diese Frage lässt sich aus den Angaben Baer's nachträglich noch mit Sicherheit entscheiden.

Baer berichtet nämlich, dass der Körper der Allantois
ebenfalls Gefässe besessen habe.[1] Das Gefässblatt musste
mithin noch auf dem Körper der Allantois vorhanden gewesen
sein, da im Schleimblatt Gefässe nicht vorkommen. Steht dies
aber fest, so kann dasselbe Blatt unmöglich vom Stiele aus
den Harnsack verlassen haben. Es können daher auch die
erwähnten 2 Gefässe nicht mit dem Gefässblatt auf das Chorion
übergetreten sein; sie müssen sich eines anderen Mediums bedient haben, das aber nichts anderes als der Hautstiel sein kann.

So lässt sich auf dem Wege der Deduktion an dem alten,
vorzüglich beschriebenen Präparate Baers der Nachweis erbringen, dass ein meinem Hautstiel ähnliches Gebilde in dem
Ovulum vorhanden gewesen sein muss.

Allein der eben berichtete ist nicht der einzige Fall, in
dem sich Anhaltspunkte für das Vorhandensein einer hautartigen Verbindung des Embryos mit dem Chorion ergeben.
Bei einem so umsichtigen Forscher wie Baer war es voraus-
zusetzen, dass er auch in anderen von ihm beschriebenen
Eiern Andeutungen für die Existenz des Hautstiels finden
musste, falls derselbe wirklich ein constantes Gebilde ist. Dass

---

[1] Dass die von Baer gesehenen Streifen nicht Faltungen, sondern wirklich
Gefässe waren, geht aus der Beschreibung hervor. Jeder Zweifel über die Auffassung dieser Gebilde von Seiten Baer's wird aber durch eine Angabe desselben in seinen „allgemeinen Bemerkungen zu den Studien" (unter No. 18) beseitigt; Baer spricht dort unter Hinweis auf Fall 3 von einem Rest von Gefässen auf dem Körper der Allantois.

dies nicht in allen hier in Betracht kommenden Eiern geschah, scheint durchaus erklärlich, wenn man bedenkt, dass die meisten alte Sammlungsobjekte darstellten, die bereits eröffnet in Baer's Hände kamen. Bei den früheren Manipulationen musste aber, wenn überhaupt eine Läsion eintrat, der Hautstiel in allererster Reihe Verletzungen ausgesetzt sein.

Abgesehen von dem eben erwähnten Ei No. 3 finden sich Anhaltspunkte für den Hautstiel bei Ei No. 4 und Ei No. 9. In beiden Fällen erwähnt Baer zwischen Nabelblase und Allantois ein häutiges Gebilde, das höchst wahrscheinlich dem Hautstiel identisch ist. Ganz sicher vorhanden ist der Hautstiel in Ei No. 6 der Studien. Hier fand Baer die Allantois noch von einem Häutchen lose umgeben, das einen hellen Saum um den Sack zu bilden schien.

Auffällig könnte es erscheinen, dass in dem jüngsten und normalsten Ei von Baer (No. 2 der Studien) die hautartige Verbindung nicht erwähnt wird. Allein einerseits sind die Angaben über die Eihüllen bei dem Mangel von Zeichnungen nicht ganz verständlich (Baer erwähnt neben der mit Zotten besetzten äusseren Eihaut, Amnion, Nabelblase und Allantois noch eine seröse Hülle), andererseits lässt sich vielleicht indirekt aus der Angabe, dass der Embryo mit seiner Amnionhülle fest an die äussere Eihaut angeheftet gewesen sei, während doch von einer Anheftung der Allantoisblase nichts gesagt wird, schliessen, dass eine hautartige Brücke vorhanden war. Baer hatte bedauerlicher Weise das Ei erst nach Abschluss seiner Studien erhalten und ihm daher nicht die ausführliche Bearbeitung angedeihen lassen, die die übrigen, zum Theil viel weniger werthvollen Beobachtungen auszeichnet.

Mit meinem Hautstiel zweifellos identisch ist das Endochorion Burdachs, dessen Scheidung von der Allantois der Autor an die Wurzel des frei hervortretenden Theils derselben verlegt. Auch Burdach giebt auf das bestimmteste an, dass

die Gefässe auf dem Endochorion verlaufen. Nur darin weicht
sein Endochorion von meinem Hautstiel ab, dass es, wie aus
der Zeichnung hervorgeht, den Harnsack allseitig umgiebt.
Die Allantois erlangt nach Burdach überhaupt keine weitere
Bedeutung; er giebt sogar an, dass der eigentliche Harnsack
schon abgestorben sei zu der Zeit, wo die Nabelgefässe beim
menschlichen Embryo sich ausbilden und zum Chorion heranwachsen.

Es ist zu bedauern, dass Burdach sich darauf beschränkt
hat, eine allgemeine Darstellung dieser Verhältnisse anstatt
eine genaue Beschreibung der einzelnen Fälle zu geben, die
seiner Auffassung zu Grunde gelegen haben. Dass diese Fälle
einwandsfreie gewesen sein müssen, geht aus seiner Beschreibung
bestimmt hervor. So möchten, wie ich besonders hervorhebe,
seine Angaben über die Grösse und Beschaffenheit der Embryonen, über die Verhältnisse des Amnions und Chorions u. a. m.
selbst der strengsten Kritik Genüge leisten.

Auch in dem Fall von R. Wagner sieht man die deutlich hervortretende Allantoisblase von einem häutigen Gebilde
umgeben, das sich an das hintere Körperende des Embryos
inserirt und breit an das Chorion anheftet.

Fast das gleiche Verhalten zeigt die Beobachtung von
Martin und Domrich. Auch hier geht aus Beschreibung
und Abbildung das Vorhandensein eines häutigen Bandes hervor, dass sich „gänsefussartig" an das Chorion inserirt, während
die eigentliche Allantoisblase, wie in dem Falle von Bruch,
sehr klein ist.

An die Beobachtung von R. Wagner reiht sich ferner der
Fall von Ecker an. Bei diesem Embryo sieht man ein hautartiges Gebilde vom Schwanzende sich nach dem Chorion
begeben und in demselben, in den Umrissen deutlich erkennbar, die Allantoisblase, deren Spitze die äussere Eihaut nicht
erreicht.

In den beiden Fällen von Johannes Müller war der proximale Theil des hautartigen Bandes vom Amnion schon umscheidet und daher unkenntlich, der distale besass diese Scheide noch nicht und inserirte sich daher als breites membranöses Band an die äussere Eihaut; in dem vom Amnion eingescheideten Theil war die Allantois als Blase kenntlich.

Von Wichtigkeit für die Hautstielfrage sind auch die Beobachtungen von Allen Thomson. Bei Ei No. 2 war der Embryo mit dem einen Körperende, dem Schwanzende, wie ich darthun konnte, fest an die äussere Eihaut geheftet und zwar durch ein Hautstück, das nichts anderes als der Hautstiel sein kann. Von der Allantois wird allerdings nichts erwähnt, doch kann dies kaum auffallend erscheinen, wenn man bedenkt, wie leicht das Organ bei seiner exponirten Lage und der geringen Haftfläche am Embryo abbrechen kann.

Sehr viel Uebereinstimmung mit der Beobachtung No. 3 von Baer zeigen die Fälle von Schröder van der Kolk. In dem ersten und vierten Fall ist eine blasenförmige Allantois vorhanden, die als solche mit dem Chorion keine Verbindung eingeht. Diese wird vielmehr durch ein hautartiges Blatt vermittelt, das an der Einpflanzungsstelle der Allantoisblase in das hintere Körperende des Embryos entspringt und sich an das Chorion inserirt. Ebenso wie bei Baer wird die Gefässverbindung zwischen Embryo und äusserer Eihaut durch Vermittelung dieses Blattes hergestellt. Es hat somit auch in diesem Falle die Allantoisblase mit der Gefässverbindung nichts zu thun.

Fast noch wichtiger für die hier in Betracht kommende Frage ist das Ei No. 3 dieses Autors. Bei diesem Ovulum besteht, wie in der Zeichnung deutlich erkennbar ist, neben der freien, blasenförmigen Allantois eine hautartige Brücke zwischen Embryo und äusserer Eihaut, in der die Nabelgefässe verlaufen, während auf der Allantois selbst ebenfalls Gefässe wahrgenommen werden.

Hieraus lässt sich zunächst die gleiche Schlussfolgerung
ableiten wie aus der Beobachtung No. 3 von Baer, dass nämlich die viel erwähnte Hautbrücke das Gefässblatt der Allantois
nicht sein kann, da hier wie dort Gefässe auf der Allantois
verlaufen und diese im Schleimblatt nicht vorkommen. Ich
werde auf diesen Punkt im nächsten Abschnitt zurückkommen
und beschränke mich hier darauf, hervorzuheben, dass diese
Thatsache wiederholt constatirt werden konnte.

Hautbrücke und Allantois verlaufen in den Fällen No. 3
und 4 noch mehr getrennt als in der zuerst angeführten Beobachtung von Schröder van der Kolk. Während hier
die dünne Membran die Allantois grösstentheils bedeckt, sind
in den Fällen 3 und 4 beide ganz gesondert.

Was nun das Verhältniss der Umbilicalgefässe zur Allantois anlangt, so ist es interessant zu constatiren, wie die verschiedenen Autoren durch ihre Beobachtung gezwungen wurden,
die Scheidung beider immer tiefer d. h. mehr proximalwärts
zu verlegen. Während Baer die Gefässe im unteren Drittel
der Allantois sich auf das Chorion begeben sieht, lässt Burdach die Scheidung an der Wurzel des frei hervortretenden
Theiles des Harnsackes eintreten. Schröder van der Kolk
verlegt die Trennung an die wirkliche Wurzel der Allantois,
d. h. an den Ursprung derselben aus dem Enddarm und führt
als Beweis hierfür an, dass die Umbilicalgefässe nicht in den
Wänden der Nabelblase sondern ausserhalb und längs derselben verlaufen.

Aus Form und Grössenverhältnissen der Allantois in den
von Schröder van der Kolk beschriebenen Fällen Schlüsse
zu ziehen, halte ich mich nicht für berechtigt. Sieht man auch
hier von den nicht berücksichtigten Fällen 1 und 2 der zweiten
Publication des Autors ab, so bleiben 2 Fälle, in welchen die

Allantois von der bisher in allen Beobachtungen wiederkehren-
den Form (cylindrisch, birn- und keulenförmig, je nach Vorhandensein eines Stiels) abweicht. In diesen Fällen zeichnet
sich die Blase durch ihre beträchtliche Grösse und durch die
bedeutende Entwickelung der Breitendimension aus, wodurch
sie der Nabelblase ähnlicher wird. Hieraus den Schluss zu
ziehen, dass diese Form etwa ein früheres Stadium der Allantois repräsentire, ist aber, wie hervorgehoben, nicht angängig, da in dem letzten Fall des Autors die Form wieder
mit der bisher beobachteten übereinstimmt, dieses Ei aber
keineswegs älter zu sein scheint als die beiden anderen Ovula,
was unter anderem schon daraus hervorgeht, dass auch hier
das Amnion von der äusseren Eihaut sich noch nicht getrennt hatte.

Für den Beweis, dass die Allantois nicht als Brücke für
die Gefässverbindung zwischen Embryo und äusserer Eihaut
dient, entscheidend ist die Beobachtung Nr. 4 von Baer, der
geradezu die Bedeutung eines wissenschaftlichen Experimentes
beigemessen werden muss. Hier war der Harnsack in das
Amnion gerathen; er hatte, wie wir sahen, einen Ueberzug
dieser Eihaut bruchsackartig vor sich hergestülpt und lag frei
beweglich innerhalb des Amnions. Von einer Einwirkung des
Harnsackes auf die äussere Eihaut oder auch nur von einer
Berührung mit derselben konnte mithin nicht die Rede sein.
Zwischen ihm und der äusseren Eihaut lag eine doppelte Amnionumhüllung, und trotzdem war die äussere Eihaut, wie aus
den Angaben mit Sicherheit hervorgeht, zum vollständigen
Chorion geworden.

So lehrreich dieser Befund nun auch ist, so könnte doch
geltend gemacht werden, dass es sich in diesem Falle um einen
verbildeten Embryo handelt, und aus diesem Grunde der ganzen Beobachtung Beweiskraft abgesprochen werden. Es ist
daher von besonderem Werthe, dass dieselbe Anomalie noch

ein zweites Mal und zwar bei normalem Embryo beobachtet
wurde. In dem Falle von Bruch war die Entwickelung
der Allantois ebenfalls in den vom Amnion umschlossenen
Raum hinein erfolgt, und auch hier war, wie aus dem mikroskopischen Befunde hervorgeht, die äussere Eihaut zum Chorion
geworden.

Auf Grund der vorstehenden Eröterungen komme
ich zu dem Ergebniss, dass die Allantois mit der
Gefässvermittelung zwischen Embryo und äusserer
Eihaut nichts zu thun hat, und dass die in meinem
Ovulum nachgewiesene hautartige Verbindung
zwischen Embryo und äusserer Eihaut (Hautstiel)
ein normales Gebilde darstellt.

# Bedeutung und Genese des Hautstiels.

Nach den in den vorhergehenden Kapiteln constatirten Thatsachen kann es keinem Zweifel unterliegen, dass der Hautstiel die Gefässverbindung zwischen Embryo und äusserer Eihaut vermittelt. Dies ergiebt sich schon indirekt aus dem von mir erbrachten Nachweis, dass die Allantoisblase entgegen der bisherigen Annahme mit der Heranbringung des Keimes der Bindesubstanzen an die äussere Eihaut nichts zu thun hat und überhaupt mit der letzteren nicht in Verbindung tritt. Da aber eine Gefässverbindung zwischen Embryo und äusserer Eihaut thatsächlich existirt, so kann nur der Hautstiel es sein, der dieselbe vermittelt, weil dieses Gebilde die einzige Verbindung zwischen beiden darstellt.

Allein nicht nur indirekt lässt sich dieser Nachweis führen. Der direkte Beweis wird durch die Beobachtungen von Baer und Schröder van der Kolk erbracht.

Sollte es bei der Beobachtung des erstgenannten Autors[1] noch dem geringsten Zweifel unterliegen, ob die Umbilicalgefässe in der Wandung des Stieles des Harnsackes oder auf der den letzteren umgebenden hellen Haut verlaufen und mit dieser den Harnsack verlassen, um sich auf das Chorion herüberzuschlagen,

---

[1] Studien No. 3.

so müssen die Fälle von Schröder van der Kolk denselben
beseitigen. Hier sieht man die Umbilicalgefässe das hintere
Leibesende des Embryos verlassen, in den Hautstiel eintreten
und mit diesem das Chorion erreichen.

Diese Beobachtungen geben aber auch Aufschluss über
die weitere Frage:

Ist die von mir nachgewiesene hautartige Verbindung
zwischen Embryo und äusserer Eihaut ein selbstständiges Gebilde, das mit der Allantois nichts zu thun hat, oder stellt
dieselbe einen Theil der Allantois, nämlich das sogenannte Gefässblatt derselben dar?

Wie in dem vorigen Abschnitt (Seite 152) dargethan, lässt
sich aus dem Umstand, dass Gefässe auf der Allantois ver-
blieben, nachdem die Umbilicalgefässe mit dem Hautstiel auf
das Chorion übergetreten waren, auf das Vorhandensein eines
Gefässblattes auf der Allantois schliessen. Es konnte somit
der Hautstiel dieses Gefässblatt nicht sein.

Aber auch hier ist der Nachweis noch auf einem anderen
Wege möglich. Da nach der bisherigen Lehre die Allantois
den Bindegewebskeim und die Nabelgefässe an die äussere
Eihaut heranbringen, letztere überhaupt erst durch diesen Zuwachs aus der serösen Hülle zum Chorion werden soll, so
würde sich die Frage am einfachsten lösen lassen, wenn man
die Beschaffenheit der äusseren Eihaut festzustellen suchte,
bevor eine Allantois überhaupt existirt. Würde der Nachweis
zu erbringen sein, dass in diesem Entwickelungsstadium die
Eihülle Bindegewebe und sogar Gefässe enthält, so würde
zweifellos die Ansicht hinfällig sein, nach welcher erst die
Allantois durch Vermittelung eines Gefässblattes die Bindesubstanzen der äusseren Eihaut zuführen soll.

Es liegen nun in der That eine Reihe von Untersuchungen
vor, die auf das unzweifelhafteste darthun, dass die äussere
Eihaut bindegewebshaltig und vielleicht sogar gefässführend

ist zu einer Zeit, wo eine Embryonalanlage überhaupt noch nicht besteht, mithin von dem Vorhandensein einer Allantois oder eines Gefässblattes derselben keine Rede sein kann. Es sind dies die Untersuchungen von Langhans, Breus, Ahlfeld und besonders von Kollmann, die, bis auf 2 Fälle von Langhans, sämmtlich Eier im frühesten, im sogenannten Keimblasenstadium, betreffen. Bei der Wichtigkeit, welche diese Untersuchungen für die ganze Allantoisfrage haben, halte ich es für nothwendig, auf dieselben etwas näher einzugehen.

Die Arbeit von Langhans[1]) beschäftigt sich mit der Frage der Herkunft derjenigen Gewebe, die der Autor unter dem Namen der „Zellschicht des Chorion" zusammengefasst hat.

An der reifen Placenta liegt auf dem fibrillären Gewebe des Chorion laeve eine Schicht von grossen polyedrischen Zellen von epithelartigem Charakter, die bisher als Chorionepithel gedeutet worden ist. Auf dem Chorion frondosum findet sich hingegen ein Gewebe, das demjenigen der Decidua gleicht und dementsprechend von Kölliker als Decidua subchorialis, von Winkler als Schlussplatte der Placenta materna bezeichnet wurde.

Nun hatte Langhans früher bereits nachgewiesen, dass die vorerwähnte, bisher als Epithel gedeutete Schicht des Chorion laeve Intercellularsubstanz besitzt und am Rande der Placenta continuirlich in das bisher als mütterlichen Ursprungs angesehene, ebenfalls mit deutlicher Intercellularsubstanz versehene Gewebe des Chorion frondosum übergeht. Diese wohl charakterisirten Lagen bezeichnete Langhans mit dem gemeinsamen Namen „Zellschicht", indem er gleichzeitig den

---

[1]) Theodor Langhans, Ueber die Zellschicht des menschlichen Chorion. Beiträge zur Anatomie und Embryologie als Festgabe für Jakob Henle Bonn. 1882.

epithelartigen Charakter der auf dem Chorion laeve befindlichen Schicht bestritt und dieselbe ebenfalls zu der Gruppe der
Bindesubstanzen zählte. Da es ihm aber trotz aller Mühe nicht
gelang, das Vorhandensein der Zellschicht in frühen Stadien
nachzuweisen, auch das erste Auftreten nicht als continuirliche
Lage, sondern **als vereinzelt** stehende, insuläre Schichtungen
sich charakterisirte, so kam Langhans zu der Ansicht, dass
**den** einzelnen Abschnitten **der** Zellschicht eine verschiedene
Genese zukomme. **Die** Zellschicht **des** Chorion laeve sollte
mütterliches Gewebe **sein,** während **die des** Chorion frondosum
von **der** Gefässschicht **des Chorions abstammen sollte.**

In der oben citirten Abhandlung theilt nun Langhans
die Ergebnisse neuerer Untersuchungen mit, nach welchen es
ihm gelungen **ist, nicht nur die bindegewebige Natur
der Zellschicht durch Ermittelung weiterer** Thatsachen zu
erhärten, **sondern auch das** Vorhandensein der Zellschicht von
Anfang **an als continuirliche, subepitheliale Lage, welche das
gesammte Chorion, sowie sämmtliche Zotten überzieht, festzustellen.** Wie der Autor weiter darlegt, ist es die Aufgabe der
Zellschicht, unter Schwund des Chorionepithels eine möglichst
feste und dauerhafte Verbindung mit dem mütterlichen Gewebe
herzustellen, indem sich dasselbe zu einem Gewebe, völlig
gleich dem der Decidua, entwickelt.

Langhans hatte Gelegenheit, 4 Eier aus der zweiten
und dritten Woche der Schwangerschaft zu untersuchen. Zwei
derselben befanden sich wie das Reichert'sche Ei noch im
Keimblasenstadium; sie waren ganz mit Zöttchen bedeckt und
enthielten keine Andeutung eines fötalen Gebildes. In den
beiden anderen Eiern war der Embryo schon angelegt. In allen
diesen Fällen konnte Langhans seine Zellschicht und was
ferner bemerkenswerth ist, Gefässe nachweisen, wenn er auch
gerade und zwar lediglich aus letzterem Grunde Anstand nahm,
die beiden Keimblasenfrüchte für normal zu halten.

Wenn nun Langhans, der nach den Ergebnissen seiner Untersuchungen eine dreifache Schichtung des Chorions annimmt, nämlich Epithel, Zellschicht und das Chorionbindegewebe, das letztere von der Allantois ableitet, so ist dies eine Concession, die der Forscher der herrschenden Schulansicht macht, die aber einer thatsächlichen Begründung entbehren dürfte. Warum sollten zwei Bindesubstanzkeime nöthig sein, um die Zusammensetzung des Chorions zu erklären? Die verschiedene Differenzirung der Bindesubstanz in dem ausgebildeten Chorion macht doch nicht die Annahme zweier, ursprünglich getrennter Keime nöthig, man müsste denn den anfänglich bestehenden losen Zusammenhang zwischen Zellschicht und fibrillärem Gewebe des Chorions als Beweis hierfür ansehen. Ich lege den Schwerpunkt darauf, dass bei menschlichen Eiern jüngster Entwickelungsstufe (Keimblasenstadium) Bindesubstanz in der äusseren Eihaut nachgewiesen ist und acceptire diese Thatsache als Stütze meiner Lehre, dass die Allantois als solche mit dem Heranbringen des Bindesubstanzkeimes nichts zu thun hat oder, präciser ausgedrückt, dass die äussere Eihaut bereits Bindesubstanz besitzt, bevor die Allantois in die Erscheinung tritt.

Breus[1]) untersuchte ein 5 mm. im Durchmesser betragendes unverletztes Ei, das mit vollständiger Decidua vera und reflexa zehn Tage nach der ausgebliebenen Menstruation abgegangen war. Dasselbe war auf seinem ganzen Umfange mit ungleichmässig dicht gestellten Zotten besetzt, die meist unverästelt bis 1 mm. lang waren und eine rundliche, 2 mm. im Durchmesser haltende Stelle fast gänzlich frei liessen. Im Inneren war die Eihaut mit spärlichem, faltig-lamellösem Belage bedeckt, den Breus für ein Gerinnungsprodukt erklärt. An

---

[1]) Karl Breus, Ueber ein menschliches Ei aus der zweiten Woche der Schwangerschaft. Wiener Medicin. Wochenschrift, 1877, Seite 502.

der Innenfläche befand sich eine 1 mm. lange, 0,5 mm. breite
knopfartige Prominenz, die aus dichtgestellten, kleinen kernhaltigen Zellen bestand. Embryonale Bildungen (Primitivrinne,
Rückenwülste) waren nicht erkennbar

Die Untersuchung der Eihaut und der Zotten ergab eine
äussere epitheliale Lage und von dieser deutlich abge-
grenzt eine innere Schicht unreifen Bindegewebes.
Eigentliche Gefässe fanden sich zwar nicht, doch zeigten die
Kerne des embryonalen Bindegewebes eine doppelreihige,
parallele Anordnung, die auch in Form von Schlingen sich
an die Zotten erstreckte und die Breus als Gefässanlagen
deutet.

In dem Ahlfeld'schen[1]) Falle wurde bei einer Frau, die
bis dahin regelmässig menstruirt war, 14 resp. 15 Tage nach
dem Ausbleiben der Periode das Ei ausgestossen. Dasselbe
stellte ein kugelförmiges Gebilde mit spärlichem Zottenbesatz
dar. Die Zotten hatten im Maximum eine Länge von 10 mm.
und waren bereits verästelt. Eine Embryonalanlage war nicht
zu entdecken. Bei der mikroskopischen Untersuchung platzte
das Ei, wobei sich der Inhalt als schleimige Masse ergoss, der
keine festen Theile beigemengt waren.

Die mit Sorgfalt ausgeführte Untersuchung der Hülle ergab
eine äussere Lage von Epithel und eine innere Schicht
von embryonalem Bindegewebe mit auffallend langen,
zum Theil geschlängelten, verbogenen schmalen Zellen mit
feinmaschiger Intercellularsubstanz. Die Zotten zeigten verschiedenen Bau. Die kleinsten bestanden nur aus Epithel,
die grösseren enthielten im Inneren einen Grundstock von
Bindesubstanz.

---

[1]) Friedr. Ahlfeld, Beschreibung eines sehr kleinen menschlichen Eies,
Archiv für Gynaekologie, XIII. Band, Seite 241.

Es ergiebt sich somit aus den Befunden von Breus und Ahlfeld, dass an 2 menschlichen Ovula aus derselben Entwickelungsperiode, die mit zum Theil bereits verästelten Zotten versehen, im Inneren nur Gerinnungsprodukte, aber keine Embryonalanlage erkennen liessen, die äussere Eihaut aus 2 Schichten, einer äusseren Epithellage und einer inneren Lage von embryonalem Bindegewebe bestand.

Dieser Befund war jedoch mit der herrschenden Schulansicht, nach welcher das Bindegewebe mit den Gefässen erst durch die Allantois an die äussere Eihaut herangebracht werden soll und mit den Befunden von Beigel und Löwe[1]) und Reichert[2]) in Widerspruch.

Die Beobachtung von Beigel und Löwe betrifft indess kein normales Ei; auch ist dasselbe so mangelhaft conservirt, dass, wie schon Kollmann nachgewiesen hat, Schlussfolgerungen daraus nicht gezogen werden dürfen.

Anders verhält es sich mit der Beobachtung von Reichert. Hier handelt es sich bekanntlich um ein mustergültig beschriebenes jüngstes Ei, bei dem die Bindegewebsschicht ebenfalls nicht angetroffen wurde. Breus und Ahlfeld nahmen daher Anstand, trotz Uebereinstimmung ihrer Ovula in Form und Grösse mit dem Reichert'schen Ei, dieselben als Keimblasen zu deuten. Sie sahen sich vielmehr nach einem Ausweg um, der geeignet schien, ihre Befunde mit der herrschenden Anschauung in Uebereinstimmung zu bringen. Diesen fanden sie in der Annahme, dass der Embryo bereits vorhanden gewesen, jedoch abgestorben und bis auf unkenntliche Reste resorbirt worden sei. Auf diese Weise wurde am besten der Widerspruch gelöst, in welchem der Befund mit dem Reichert-

---

[1]) H. Beigel und L. Löwe, Beschreibung eines menschlichen Eichens aus der zweiten bis dritten Woche der Schwangerschaft. Archiv für Gynaekologie. XII. Band. Seite 421. Berlin 1877.

[2]) a. a. O.

schen Ovulum stand. Hier war das Ei aus einer zarten Membran von epithelialer Beschaffenheit gebildet, die an ihrer Innenseite einen kreisförmigen, trüben Fleck zeigte, in dem Falle
von Breus war unter der äusseren epithelialen Lage eine
innere Lage von embryonalem Bindegewebe vorhanden, an
deren Innenfläche, wie wir sahen, eine kleine 1 mm. lange und
0.5 mm. breite knopfartige aus dicht gestellten, kleinen, kernhaltigen Zellen bestehende Prominenz vorhanden war. Deutete
Reichert den kreisförmigen trüben Fleck als Fruchthof und
das ganze Ei als Keimblase, so musste Breus wegen des
Vorhandenseins des Bindegewebes die erwähnte Protuberanz
als geschrumpften und durch Rückbildung unkenntlich gewordenen Embryo und die Eihaut als ausgebildetes Chorion (seröse
Hülle plus Allantoisantheil) ansehen, eine Auffassung, der sich
Ahlfeld für seinen Fall anschloss. Mit dieser Annahme war
das Neue, das der Befund bot, wieder beseitigt; es handelte
sich einfach um Ovula mit abgestorbenem und zurückgebildetem
Embryo, an welchen höchstens das geringe Ausmaass auffallend erscheinen musste.

Dass an den Befund weitere und äusserst wichtige Schlussfolgerungen geknüpft werden konnten, ist das Verdienst eines
anderen Forschers, der in einer ausgezeichneten Arbeit nicht
nur an zwei weiteren hierher gehörigen Objekten nachwies,
dass die Lage embryonalen Bindegewebes an der
Innenseite der Epithelschicht dem menschlichen
Ei im Keimblasenstadium (5—6 mm. Grösse) normaler
Weise zukomme, sondern auch in befriedigender Weise
den Widerspruch aufklärte, in dem diese Befunde mit den
Untersuchungsergebnissen von Reichert standen.

Kollmann[1]) fand in der anatomischen Sammlung zu

---

[1]) J. Kollmann, Die menschlichen Eier von 6 mm. Grösse. Archiv für
Anatomie und Physiologie. Leipzig 1879.

Basel zwei frühzeitige menschliche Eier, die in der Gestalt mit den beschriebenen sowie mit dem Reichert'schen Ei übereinstimmten. Das eine Ovulum war intakt und stellte, in der Form vortrefflich conservirt, eine Kugel dar, deren eine Hälfte abgeplattet erschien. Die Durchmesser betrugen 5.5 : 4,5 mm. (ohne Zotten). Dieses Ei war in einer Mischung von Glycerin und Wasser conservirt, während das andere in Alkohol aufbewahrt worden war. Letzteres zeigte, obwohl theilweise zerstört, in den histologischen Details eine vortreffliche Erhaltung. Dasselbe stammte von einer Frau, die an Tuberculose leidend, plötzlich verstorben war. In der Ausbildung war dieses Ei etwas weiter vorgeschritten als das Reichert'sche. Die Zotten waren etwas länger und verzweigt und besetzten die ganze Oberfläche; auch die Reflexa war grösser. Von einer Embryonalanlage wird nichts erwähnt.

Die abgeplattete Form des ersten Eies ist bereits hervorgehoben, die beiden Halbkugeln zeigen eine verschiedene Krümmung, ein Verhalten, welches Reichert an dem Berliner Ei ebenfalls constatirte. Hinsichtlich der Vertheilung der Zotten machte sich indess ein Unterschied bemerkbar. Während das Reichert'sche Ei entsprechend den beiden Polen eine Stelle ohne Zotten zeigte, war das Baseler Objekt auf dem ganzen Umfange von Zotten bedeckt, deren Länge 1,0 bis 1,1 mm. betrug.

Bezüglich des Baues der Eihüllen stellte Kollmann fest, dass dieselben in beiden Fällen aus einer Lage jugendlichen, embryonalen Bindegewebes, das zahlreiche Rund- und Spindelzellen enthielt, und einer äusseren einfachen Lage platter Zellen bestanden. Die gleiche Zusammensetzung wie die Eihaut zeigen die Zotten. Dieselben sind entweder einfache oder mit Sprossen versehene Verlängerungen derselben.

Die Uebereinstimmung dieses Baues mit den Befunden von Ahlfeld und Breus springt sofort in die Augen und

wird von Kollmann mit dem Bemerken hervorgehoben, dass
nunmehr 4 in Form, Grösse und Inhalt fast vollkommen über-
einstimmende Eier hinsichtlich des Baues dasselbe Verhalten
zeigen.

Dieser Beobachtung stand nun aber das Ei von Reichert
gegenüber, welches, wie wir sahen, einen anderen Befund
aufwies. Es ist daher von grosser Wichtigkeit, dass Kollmann auch nach dieser Richtung Aufklärung schaffte. Der
Autor wies nämlich, theilweise auf experimentellem Wege,
nach, dass die Differenz lediglich in der Untersuchungsmethode,
nämlich in der Untersuchung des frischen Eies in Wasser begründet ist, in Wirklichkeit aber Uebereinstimmung herrscht.
Ganz in derselben Weise ist nach diesem Autor der abweichende
Befund von Beigel und Löwe zu erklären.

Da somit der Nachweis erbracht ist, dass die Eihülle bindegewebshaltig ist zu einer Zeit, wo die Allantois noch nicht
existirt, so kann auch kein Gefässblatt vorhanden sein, das
den Keim der Bindesubstanzen erst an die äussere Eihaut
heranbringen soll, und folglich kann mein Hautstiel mit dem
Gefässblatt nicht identisch sein.

Es bleibt demnach nur die Annahme, dass der
Hautstiel ein selbstständiges Gebilde darstellt, das
mit der Allantois als solcher nichts zu thun hat.

Bekanntlich hat nun schon His[1]), nachdem vorher Ebner[2])
sich in ähnlichem Sinne ausgesprochen, die Annahme für un-
gerechtfertigt erklärt, nach welcher in einer gewissen Ent-
wickelungsphase eine vollständige Trennung zwischen Embryo
und äusserer Eihaut eintreten und dann durch die Allantois

---

[1]) His, a. a. O. I, Seite 171.
[2]) v. Ebner, Ueber die erste Anlage der Allantois beim Menschen.
Separatabdr. aus den Mitth. des Ver. der Aerzte in Steiermark. Mai 1877.

die Verbindung wieder hergestellt werden soll. Durch meine
Untersuchungen wird nun der Beweis erbracht, dass die bisherige Annahme in der That eine irrthümliche ist. Embryo
und äussere Eihaut trennen sich niemals, sie stehen von Anfang an in Verbindung mit einander und das verbindende Glied
ist der von mir aufgefundene Hautstiel. Die Allantois bildet
niemals die Brücke zwischen Embryo und äusserer Eihaut, sie
tritt, wie ich darthun konnte, mit letzterer überhaupt nicht in
organische Verbindung.

Wenn nun der Hautstiel mit der Allantois nichts zu thun
hat, so kann derselbe nur von der Hautplatte der hinteren
Amnionfalte hergeleitet werden, da nur diese eine von Anfang
an bestehende und niemals unterbrochene mesodermatische Verbindung zwischen Embryo und äusserer Eihaut darstellt.

Wie wird nun aber aus der fest mit dem Amnion ver-
bundenen Hautplatte ein von demselben unabhängiger Hautstiel?

Ich stelle mir den Vorgang folgendermaassen vor:

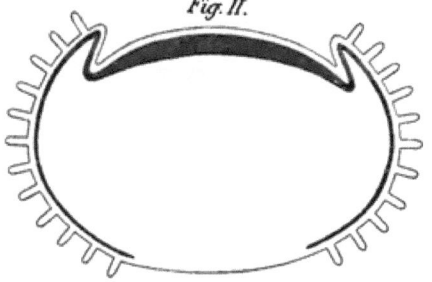

*Fig I.*

*Fig. II.*

Die Entstehung des Hautstiels
und die Bildung der Allantois fallen
zeitlich zusammen. Tritt die Allantois
in die Erscheinung, so schiebt sie
sich zwischen Ectoderm und Hautplatte (Mesoderm) der hinteren Amnionfalte hinein und isolirt
die Hautplatte zu einem
selbstständigen Gebilde, das
nach völliger Ausbildung
der Allantois eine Verbindung zwischen äusserer Eihaut (Chorion) und der
Darmfaserplatte darstellen
muss. Um dies deutlich zu machen, muss ich einige schematische
Figuren zu Hilfe nehmen.

In den beiden ersten Figuren ist nur Ectoderm und Mesoderm dargestellt; das Entoderm ist weggelassen, auch ist in
Fig. II auf die Spaltung im mittleren Keimblatt keine Rücksicht genommen und demgemäss die Nabelblase nicht gezeichnet.
Die beiden Figuren I und II sind rein schematisch und sollen
nur die Verhältnisse der Hautplatte der hinteren Amnionfalte
versinnlichen.

Fig. I stellt Ectoderm und Mesoderm einer Frucht im
Keimblasenstadium dar; die Embryonalanlage ist durch eine
Verdickung des Mesoderms kenntlich gemacht. Die Peripherie
derselben setzt sich in das Mesoderm der Keimblase fort.

Fig. II. Die Embryonalanlage ist in das Innere des Eies
gerückt. Ectoderm und Mesoderm sind als Falte über der
Embryonalanlage emporgehoben, um sich später zu schliessen.
(Durch Entgegenwachsen der beiden Falten entsteht eine
doppelte Umhüllung des Embryos, Amnion und Chorion.)

Auch hier bleibt die Embryonalanlage durch Ectoderm
und Mesoderm mit den Wandungen der Keimblase verbunden,
insofern, als sich das Mesoderm der Embryonalanlage durch

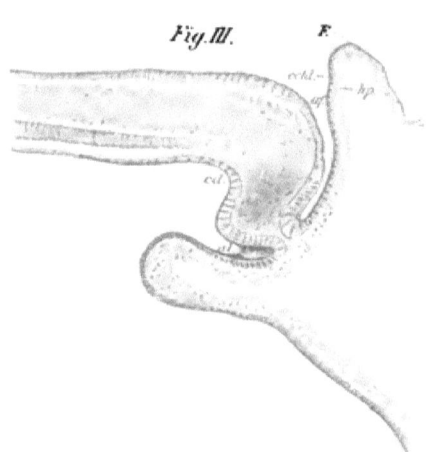

Fig. III.

Vermittelung der Haut-
platte der hinteren Amnionfalte auf das Mesoderm der
Keimblase fortsetzt.

In dieses Stadium fällt
die Bildung der Allantois.
Der Vorgang ist in Fig. III
dargestellt.

Diese Figur ist nicht
schematisch. Sie stellt mit
einigen ganz unwesent-
lichen Abänderungen eine
Phase in der Entwickelung

der Allantois des Hühnchens dar und ist dem Werke Gasser's [1]) entnommen. In dieser Figur ist auch das Entoderm dargestellt und die Bildung der Nabelblase berücksichtigt.

af. hintere Amnionfalte, wie in Figur II aus Ectoderm und Mesoderm bestehend. Die Allantois a l aus dem Enddarm e d hervorkommend schiebt sich innerhalb der hinteren Amnionfalte vor, bei ihrem weiteren Wachsthum die Hautplatte h p von dem Ectoderm e c t d abtrennend. Denkt man sich das Wachsthum der Allantois bis zur First F, der Umbiegung der hinteren Amnionfalte in die Wandung der Keimblase (Chorion) fortgesetzt, so muss die Hautplatte h p vollkommen von dem Ectoderm der hinteren Amnionfalte isolirt werden und eine selbstständige aus Mesoderm bestehende Verbindung zwischen Chorion und Darmfaserplatte, nämlich meinen Hautstiel, darstellen.

---

[1]) E. Gasser, Beiträge zur Entwickelungsgeschichte der Allantois, der Müller'schen Gänge und des Afters. Frankfurt a. M. 1874.

## Stehen die thatsächlichen Befunde, auf welchen die bisherige Allantoislehre und insbesondere die His'sche Bauchstieltheorie beruhen, mit meiner Darstellung in Widerspruch?

Schon in der Einleitung habe ich hervorgehoben, dass mit meiner Darstellung die bisherigen Anschauungen und namentlich die Lehre von His in Widerspruch stehen. Ich kann daher meine Aufgabe nicht als abgeschlossen betrachten, ohne die Frage untersucht zu haben, ob sich die Differenz auch auf die thatsächlichen Befunde erstreckt, die diesen Anschauungen zu Grunde liegen. Worin ist es begründet, um mit der His'schen Lehre zu beginnen, dass dieser hervorragende Forscher zu wesentlich anderen Resultaten gelangte?

„Eine blasenförmige oder auch nur freie Allantois hat man beim menschlichen Embryo niemals beobachtet."

In diesem Satze charakterisirt sich anscheinend der denkbar schroffste Gegensatz, in welchem die His'schen Anschauungen zu den meinigen stehen. Allein bei näherer Untersuchung ergiebt sich, dass dieser Gegensatz nur ein scheinbarer ist. Der Widerspruch erklärt sich einfach dahin, dass die His'sche Darstellung sich auf spätere Stadien bezieht, für die sie vollständig zutreffend ist. Die früheren Stadien hat His nicht gekannt; seine Beschreibung beginnt erst mit dem Moment, wo Hautstiel, Allantoisblase und Amnion sich zu einem gemeinsamen compacten Strange, dem His'schen Bauchstiel, vereinigt haben.

Um dies zu beweisen, müssen wir zunächst das Material kennen lernen, das dem Forscher zu Gebote stand, und dann die Schlussfolgerungen betrachten, die er aus diesen Beobachtungen zieht. Nur auf diesem Wege werden wir feststellen können, inwieweit diese Schlussfolgerungen in den thatsächlichen Befunden begründet sind und weiter einen Anhalt darüber gewinnen, ob die Embryonen, die dem Forscher vorgelegen haben, vermöge ihres Entwickelungsgrades (Alters) und ihrer Beschaffenheit überhaupt geeignet waren, zur Entscheidung der in Rede stehenden Fragen zu dienen.

Da wir nur von diesem Gesichtspunkt aus das Material zu prüfen haben, so werden wir die gestellte Frage am einfachsten beantworten können, wenn wir die His'schen Embryonen mit dem meinigen vergleichen. Ein ausführliches Referat über die einzelnen Stücke zu geben, halte ich für unnöthig, da dieselben allseitig bekannt sein dürften. Ich wende mich daher sofort zum Vergleich und beginne mit den vorgerückteren Stufen.[1])

Von diesen kommen vorzugsweise die Embryonen Lg, Sch und BB in Betracht.

Der Embryo Lg besitzt eine Länge von 2,15 mm. Er stammt von einer 22jährigen Erstgebärenden, deren letzte Menstruation am 10. September eingetreten war, und bei der am 20. Oktober der Abort stattfand. Das Alter der Frucht berechnet His nach der ersten ausgebliebenen Periode auf 12 Tage; ihre Länge in frischem Zustande betrug 17 : 11 mm. Sie wurde zunächst in Borsäure conservirt, später in Chromsäure und Alkohol gebracht. Das Amnion umhüllt ziemlich

---

[1]) a. a. O. II u. III.

eng den Embryo, der durch einen kurzen **Stiel mit dem Chorion** verbunden ist.

Der Embryo Lg ist zweifellos älter als der meinige. Zu dieser Annahme bestimmen mich folgende Gründe:

1 Die Körperlänge. Das Maass von 2,15 mm. **kommt** bei der Beurtheilung **der** Körperlänge **nicht in** Betracht, da bei der Messung **auf die scharf** ausgesprochene Rückenbiegung keine **Rücksicht** genommen ist. Würde man Lg künstlich eine Biegung geben, wie sie mein Embryo besitzt, so dürfte das Maass die Länge von 3,7 mm. übertreffen.

Auf die Unzulänglichkeit der Längemaasse für die Altersbestimmung hat übrigens His selbst aufmerksam gemacht; er sagt[1]): „Vor Eintritt der Nackenkrümmung sind die absoluten Längenmaasse ein ungenügendes **Bestimmungsmittel** der Entwickelungsstufe, sie können nur annähernd die Stellung eines Embryos in der Reihe jüngerer Formen bezeichnen, weil in dieser Zeit die Achsenbiegungen des Körpers einem ziemlichen Wechsel unterliegen."

Es dürfte hier am Platze sein, auf diese Krümmungsverhältnisse, die wir schon einmal kurz berührt haben, etwas genauer einzugehen.

His unterscheidet zwei Typen der Rückenkrümmung, die in ihrer Form sich diametral gegenüberstehen. Der eine Typus, den er als primäre Rumpfkrümmung bezeichnet, weist eine tief eingeschnittene, concave Rückenbiegung mit aufgerichtetem Kopf- und gestrecktem Steissende auf, der andere, als sekundäre Krümmung bezeichnete, zeigt der späteren Gestaltung entsprechend eine convexe Beschaffenheit.

Die concave Krümmung kommt den jüngsten, die convexe dagegen den etwas vorgerückteren Stufen zu. Der primären

---

[1]) a. a. O. II. Seite 5.

oder concaven Krümmung entsprechen die Embryonen Lg und Sch.

Wie nun His selbst hervorhebt, zeigen die allerjüngsten Stufen, nämlich die Embryonen E und SR sowie die Embryonen von Allen Thomson die tiefe Einziehung nicht. Eine Einziehung ist allerdings auch bei ihnen vorhanden, dieselbe ist aber im Vergleich zu der folgenden Gruppe nur schwach angedeutet.

Die von His als primär bezeichnete Krümmung wird mithin durch zwei Gruppen repräsentirt; die eine, jüngste, der auch mein Embryo angehört, zeigt eine verhältnissmässig nur schwache dorsale Einziehung, die andere dagegen tiefste spitzwinkelige Knickung der Rückenlinie. Da das Alter der Repräsentanten beider Gruppen nur wenig differirt, so scheint die Frage naheliegend, ob die tiefe concave Einziehung der Rückenlinie überhaupt normal sei. His, der sich diesem Bedenken ebenfalls nicht entzieht, giebt die Möglichkeit zu, dass durch die Präparation die Einbiegung künstlich vergrössert sei. Ich glaube diese Möglichkeit zur Gewissheit erheben zu können und weiter darauf aufmerksam machen zu müssen, dass auch die Verhältnisse des Vorderkopfes und insbesondere des Beckenendes bis zu einem gewissen Grade von den Krümmungen der Rückenlinie abhängig sind. Dass bei Embryo Lg die concave Rückenbiegung das normale Maass überschreitet, geht schon aus dem Verhältniss der Urwirbelleiste zum Bauchnabel hervor. (His, Tafel IX. Fig. 1). Normaler Weise könnte der Umschlag des Amnions in die Leibeswand nicht dorsalwärts von der Urwirbelleiste liegen, wie dies bei Embryo Lg der Fall ist. Durch Zerrung an der Nabelblase hat sich der Umschlagsrand des Amnions von der Leibeswand gelöst, und damit ist das Hinderniss beseitigt, das einer zu excessiven Krümmung im Wege stand. Auch von dem Embryo SR, den His mit geringer concaver Einziehung des Rückens abbildet, giebt

Roth[1]) an, dass er bei der Eröffnung des Eies „bauchwärts stark
geknickt" gewesen sei. Es wird hierdurch bewiesen, wie leicht
eine tiefe dorsale Einknickung durch äussere Einflüsse entstehen kann.

Als weitere Eigenthümlichkeit der Gruppe mit primärer
(concaver) Einziehung hebt His den steil aufgerichteten Kopf
und das nach abwärts gerichtete Beckenende hervor, während
bei Embryonen mit sekundärer (convexer) Biegung das Beckenende bereits emporgehoben sei.

Ich erkläre dies Verhalten des Kopf- und Schwanzendes
ganz auf dieselbe Weise wie His den Uebergang der primären
in die sekundäre Krümmung deutet, nämlich durch die Span-
nungsverhältnisse des Amnions. Da His diese Verhältnisse sehr
eingehend erörtert hat, so ist es zunächst nicht ersichtlich, wesshalb der umsichtige Forscher gerade diese Wirkung des Amnions
übersehen hat. Bei starker Durchbiegung des Rückens kann
schon die Spannung im embryonalen Körper selbst, viel mehr aber
das Amnion, falls es dem Embryonalkörper eng anliegt, eine
Aufrichtung des Kopf- und Beckenendes bewirken. Das Amnion
ist am Rande des Leibesnabels mit der Körperwand verbunden;
wird dieser Rand bei starker Durchbiegung nach der ventralen Seite erheblich dislocirt, so muss eine Spannung des
Amnions entstehen, die wiederum ihren Einfluss auf die freien,
in die Amnionhöhle hineinragenden Polenden des Embryos
ausüben muss.

Hiermit will ich aber, was ich zur Vermeidung von Miss-
verständnissen noch besonders hervorhebe, keineswegs gesagt
haben, dass die Stellung des Kopf- und Schwanzendes aus-
schliesslich von Spannungsverhältnissen des Amnions bestimmt
wird. Es liegt auf der Hand, dass auch noch andere Mo-
mente in Betracht kommen. Für mich kam es nur darauf an,

---

[1]) His, a. a. O., I, Seite 141.

darzuthun, dass bei eng anliegendem Amnion und starker Durchbiegung des Rückens, Kopf- und Schwanzende die geschilderte
Stellung haben müssen und keine andere haben können.

Aus der emporgehobenen Stellung des Beckenendes und
der Stellung des Vorderkopfes meines Embryos kann daher
kein Argument gegen die Einreihung desselben in die jüngste
Gruppe menschlicher Embryonen hergeleitet werden. Dasselbe
gilt für die Krümmungsverhältnisse des Rückens. Die allerjüngsten Embryonen (SR, A.Th, E und mein Embryo) zeigen
übereinstimmend nur schwache Einziehung der Rückenlinie.
Die tiefe dorsale Einsattelung, wenn überhaupt normal, bildet
sich erst später aus.

Nach dieser Abschweifung kehren wir zu unserem Vergleich
zurück. Neben der Körperlänge spricht für einen höheren
Entwickelungsgrad des Embryos Lg

2. das Vorhandensein der Augenblasen und der Gehörgruben; beide Organe fehlen bei meinem Embryo;

3. besitzt Embryo Lg zwei äusserlich deutlich wahrnehmbare
Schlundspalten;

4. bildet das Herz bei demselben eine vollkommen geschlossene, mit den Schenkeln übereinander liegende Schleife,
während es bei meinem Embryo einen gestreckten Schlauch darstellt; auch sind bei Lg Canalis auricularis und Fretum bereits
vorhanden.

Etwas weiter in der Entwickelung vorgeschritten sind, wie
His selbst angiebt[1]), die Embryonen Sch und BB, so dass auch
diese trotz ihrer geringeren Körperlänge als älter wie der
meinige bezeichnet werden müssen. In noch höherem Grade
gilt dies für Rf und Lr.

Von den jüngeren Stufen[2]) kommen in Betracht:

---

[1]) a a. O. II, Seite 89 und III, Seite 237.

[2]) a. a. O. I.

1. Embryo **M.** 2,6 mm. Körperlänge
2. Embryo $L_1$. 2,4   „      „
3. Embryo SR. 2,2   „      „
4. Embryo E   2,6   „      „      (incl. Bauchstiel).

Der Embryo M ist trotz seiner geringen Körperlänge (2,6 mm.) älter als der meinige. Da die tiefe Einsattelung des Rückens bei M fehlt, die Rückenlinie vielmehr gleichmässig convex verläuft, so würde das geringe Längenmaass bei der Beurtheilung entschieden in Betracht kommen, wenn nicht durch langen Aufenthalt des Embryos in Spiritus (über 15 Jahre) vor Ausführung der Messung ein starkes Schrumpfen anzunehmen wäre. Bei meinem Embryo wurde die Messung an dem nahezu frischen Objekt vorgenommen.

An der rechten Körperseite unterhalb der Insertion der Nabelblase und über der Spitze des Steissendes sieht man eine umfangreiche defekte Partie, die His als Querschnitt des abgerissenen Bauchstiels auffasst.

Die Punkte, die für eine weiter vorgeschrittene Stufe sprechen, sind folgende:

Das Vorhandensein der bereits durch tiefe Furchen vom Gehirn abgesetzten Augenanlagen und der geschlossenen Gehörblasen; deutliche äussere Abgliederung des ersten und zweiten Schlundbogens (3 und 4 auf den Durchschnitten vorhanden); offene Communication des Vorderdarmes mit der Mundbucht, die vorgeschrittene Entwickelungsstufe des Herzens (quer vorgelagerter Wulst, Schleifenform), das Bedecktsein des Herzens mit dem Amnion und endlich die Anlage des peripherischen Gefässsystems. Auch ist die Urwirbelgliederung (linke Seitenansicht Tafel I) an dem hinteren Rumpfende bereits deutlich erkennbar.

Embryo $L_1$ (2,4 mm.). Die Beurtheilung des Embryos $L_1$, der durch einen kurzen Stiel dem Chorion angeheftet war, ist sehr erschwert durch die bedeutenden Verletzungen, die

derselbe bereits besass, als er in die Hände von His kam.
Ausser der Nabelblase fehlte das Amnion; von dem Herzen
war nur ein kurzer Stumpf vorhanden, der dem Bulbustheil
angehörte. Auch wurde die Messung und Bearbeitung des
Embryos erst vorgenommen, nachdem derselbe längere Zeit als
Sammlungspräparat in Alkohol aufbewahrt worden war.

Der Embryo steht dem meinigen in der Entwickelung sehr
nahe. Für ein weiter vorgeschrittenes Entwickelungsstadium
desselben sprechen das Vorhandensein der Gehörgruben sowie
der Augenblasen, die bereits durch tiefe Furchen vom Hirn
abgesetzt sind, und das Fehlen der Rachenhaut. Für ein
jüngeres Stadium lassen sich geltend machen das Nichtge-
schlossensein des Medullarrohres (auf ganz kurzer Strecke) und
das Fehlen der Scheitelkrümmung des Kopfes.

Die Länge des Leibesnabels (1,3 mm.) ist fast dieselbe wie
bei meinem Embryo (1,44 mm.); das vorn und hinten über-
liegende Stück des Embryos ist, der geringeren Gesammtlänge
entsprechend, dagegen bei $L_1$ kürzer. Auch der Umschlagsrand des Amnions in die Leibeswand befindet sich vorn ungefähr an derselben Stelle wie bei meinem Embryo, ebenso
würde auch bei $L_1$ das Herz, falls vorhanden, zum grössten
Theil unbedeckt sein.

Embryo SR. Das Ei wird von His auf 12—14 Tage
geschätzt. Dasselbe ging 14 Tage nach der zum ersten Mal
ausgebliebenen Periode ab. Roth, von dem His das Ei erhielt, giebt an, dass die Chorionzotten über das ganze Ei ausgebreitet und bereits verästelt waren. Mikroskopisch sind ein
fibrillärer Grundstock und Gefässe nachweisbar, die aber nirgends
Füllung zeigen. Der Embryo hängt durch einen von der ventralen Fläche des hinteren Körperendes ausgehenden und in
der Verlängerung der Achse desselben verlaufenden dicken
Stiel mit dem Chorion zusammen.

Die weitere Betrachtung ergiebt, dass Embryo SR dem

meinigen zwar sehr nahe steht, dass derselbe aber zweifellos jünger ist.

Aehnlich sind in beiden Fällen:

1. Die Biegungen der Körperachse, doch ist die Lendenbeuge bei SR schärfer ausgesprochen und das untere Körperende nach abwärts gerichtet, während es bei meinem Embryo emporgehoben erscheint. Der Vorderkopf ist bei beiden Embryonen sehr tief; auch ist beiden die mächtige Herzanlage gemeinsam, die bei SR sich allerdings weiter nach vorn erstreckt als bei meinem Embryo.

2. Eine Abgliederung von Schlundbogen ist bei beiden Embryonen äusserlich nicht zu erkennen.

3. Die Grösse der Nabelöffnung ist in beiden Fällen sehr beträchtlich, 1,3 bei SR zu 1,4 bei meinem Embryo. Das vordere und hintere Körperende überragt bei meinem Embryo, als dem vorgerückteren Stadium, beträchtlicher die Nabelblase als bei SR.

4. Das Amnion liegt beiden Embryonen knapp an; auch sein Verhalten zum Herzen ist dasselbe. Bei SR erstreckt es sich vom vorderen Herzrand bis zur hinteren Fläche des Bauchstiels, in den es sich inserirt. Das Verhalten des Amnions zu letzterem bedarf noch etwas eingehender Betrachtung. His[1]) sagt: „Das Amnion erstreckt sich bis zur hinteren Fläche des Bauchstiels, in den es sich inserirt." Auf der Zeichnung (Tafel I, Fig. 7) endigt in Uebereinstimmung mit der citirten Stelle das Amnion dicht vor dem Ursprung des Bauchstiels, ohne den letzteren auf seiner dorsalen Fläche zu überziehen oder gar sich an das Chorion zu inseriren. Nun hat His die erste Tafel seines Atlas umzeichnen lassen und dieselbe zum zweiten Male edirt. Hier steht das Amnion so weit von dem hinteren Körperende ab, dass das Chorion berührt und die dorsale Fläche des

[1]) a. a O. I, Seite 142.

Bauchstiels überzogen wird. Durch die Darstellung auf der zweiten Tafel ist die Uebereinstimmung mit den älteren Embryonen, bei welchen His das Amnion so weit vom hinteren Körperende abstehend zeichnet, dass es die dorsale Fläche des Bauchstiels überzieht und bis an das Chorion heranreicht, hergestellt. Es ist zu bedauern, dass gerade in diesem wichtigen Punkt zwei verschiedene Darstellungen existiren, die sich direkt widersprechen. Ich will keineswegs die Glaubwürdigkeit der zweiten Zeichnung anzweifeln, möchte aber doch hervorheben, dass dieselbe nicht nach dem Original (dasselbe war inzwischen mikrotomirt), sondern nach denselben Glasphotographien hergestellt wurde, nach welchen die erste Zeichnung angefertigt war. Auch ist es nicht unwichtig, hinzuzufügen, dass nach Zeichnung und Beschreibung der Bauchstiel und der Ansatz desselben an das hintere Körperende durch flockenartige Anhänge verdeckt waren und dadurch die Feststellung des wahren Sachverhalts zum mindesten erschwert wurde.

5. Von den Urwirbeln (1. Zeichnung) sind bei beiden Embryonen ungefähr die gleiche Anzahl an der gleichen Stelle wahrnehmbar.

Nicht übereinstimmendes Verhalten zeigt das Medullarrohr, das bei SR noch ungeschlossen; ferner das Herz, das, wie His aus den nicht mitgetheilten Durchschnitten festgestellt hat, noch als doppelseitige Halbrinne angelegt ist.

Embryo E. Dieser Embryo ist der jüngste der von His beobachteten. Er besitzt eine Länge von 2,6 mm. mit Bauchstiel, ohne denselben 2,1 mm. Die Nabelblase misst 2,3 : 1,6 mm.; der Embryo sitzt derselben in einer Ausdehnung von 2,0 mm. auf. Das Amnion steht schon von dem Embryo ab und überzieht bereits die dorsale Fläche des Bauchstiels.

Aus der äusseren Configuration des Embryos und seinem Verhalten zur Nabelblase geht zweifellos hervor, dass derselbe jünger als SR und somit auch jünger als der meinige ist.

## Die His'sche Bauchstiellehre.

Unter Bauchstiel versteht His einen, schon bei allerjüngsten menschlichen Embryonen vorhandenen dicken Strang,
welcher die niemals unterbrochene Verbindung zwischen Embryo und Chorion herstellt. Derselbe bildet eine Fortsetzung
der vorderen Bauchwand des Embryos und entspringt dicht
hinter dem Nabelschlitz. Unmittelbar nach seinem Ursprung
biegt er scharf nach hinten, geht vor dem Beckenende des
Embryos vorbei und inserirt sich nach kurzem Verlauf an das
Chorion. Hebt sich das untere Beckenende des Embryos empor,
so liegt der Bauchstiel in dem Winkel zwischen Beckenende
und Nabelblase, in welchen er eingeklemmt wird.

Der Bauchstiel, der seinem morphologischen Aufbau nach
eine Fortsetzung der Rumpfanlage darstellt, besteht aus Bindesubstanz und glatten Muskelzellen; er trägt auf seiner dorsalen
Fläche eine Ectodermbekleidung und beherbergt in seinem
Inneren den Allantoisgang, sowie die Umbilicalgefässe. His
lässt das Gebilde auf eine sehr complicirte Weise entstehen.

Der Allantoisgang entsteht durch Abschnürung aus dem
allgemeinen Entodermsack; derselbe schliesst sich an seiner
ventralen Seite durch eine Naht. Hierauf macht sich an
dem Bauchstiel eine dorsale und später eine ventrale Einfal-
tung und Abschnürung geltend. Dorsalwärts erheben sich
die Seitenwände des Bauchstiels und ihre Ectodermbekleidung
schliesst sich zum Amnion. Ventralwärts erfolgt die Umbiegung der Seitenränder erst, wenn sich der Bauchstiel zum
Nabelstrang, dessen Vorläufer er ist, umwandeln soll. Es erheben sich die Seitenränder und legen sich ventralwärts um.
Dadurch entsteht eine Rinne, die bei ihrer Verwachsung (der
Bauchstiel liegt in der äusserembryonalen Leibeshöhle oder
der Höhle des Blastoderms) einen Theil der Fortsetzung der

Leibeshöhle einschliessen muss. In diese Rinne legt sich der Darmstiel (Stiel der Nabelblase) und hierauf schliessen sich die Ränder, das Coelom und den Darmstiel einschliessend. Durch diesen Einfaltungsprozess werden die Ränder der Ectodermbekleidung ventralwärts genähert, dieselben verwachsen ebenfalls und bilden dadurch eine doppelte ectodermale Umscheidung der Nabelschnur, nämlich eine geschlossene Ectodermbekleidung und eine ebenfalls geschlossene Amnionscheide.

Gegen eine Verwechselung seines Bauchstieles mit der Allantois legt His Verwahrung ein. Das feine Epithelrohr (Allantoisgang), das man in denselben eingelagert findet, bezeichnet His „als einen jedenfalls sehr verkümmerten Repräsentanten des bei vielen Säugethieren so mächtigen Gebildes". Als Allantois will er nur eine aus dem Bauche frei hervortretende Blase bezeichnen, die dem Eingeweiderohr durch den Urachus endständig angefügt ist. Eine solche blasenförmige oder auch nur freie Allantois hat man, wie er angiebt, bei menschlichen Embryonen niemals beobachtet.

Nachdem wir nunmehr einen Blick auf das hier in Betracht kommende Material von His geworfen und auch die Schlussfolgerungen kennen gelernt haben, welche His aus demselben gezogen hat, wende ich mich zur Beantwortung der im Eingange des Capitels gestellten Fragen:

1. Sind die Schlussfolgerungen in den thatsächlichen Befunden begründet?
2. Sind die Embryonen, die His vorgelegen haben, vermöge ihres Entwickelungsgrades und ihrer Beschaffenheit überhaupt geeignet, zur Entscheidung der Allantoisfrage zu dienen?

Indem ich mit der Beantwortung der zweiten Frage beginne, muss ich zunächst hervorheben, dass das bei meinem

Embryo constatirte Verhalten zweifellos ein rasch vorübergehendes ist. Schreitet die Entwickelung weiter vor, so legt sich der Hautstiel an die Allantoisblase an und verklebt auch wohl mit derselben. Hebt sich alsdann auch das Amnion von dem Embryonalkörper ab, so muss es sich der dorsalen Fläche der Allantois nähern und diese schliesslich mit einem Ueberzug versehen. Ist dieses Stadium eingetreten, so entsteht ein Bild, welches durchaus den His'schen Zeichnungen und Beschreibungen entspricht; es erstreckt sich alsdann von dem hinteren Körperende nach dem Chorion ein dicker „Bauchstiel", dessen dorsale Fläche eine Ectodermbekleidung trägt, während die ventrale Seite die Umbilicalgefässe erkennen lässt. Durch das sich mehr und mehr von der Körperoberfläche abhebende Amnion wird die Allantois aus ihrer horizontalen, in der Richtung der Körperachse verlaufenden Lage emporgehoben und allmählich in eine mehr vertikale Stellung zu derselben gebracht; gleichzeitig rückt, durch dieselbe Ursache bedingt, der Ansatz der Allantois von der äussersten Spitze des hinteren Körperendes nach der ventralen Seite vor, ein Verhalten, wie es die älteren His'schen Embryonen erkennen lassen.

Aus diesen sich vollziehenden Umwandlungen folgt, dass nur von denjenigen Ovula Aufklärung über die Allantoisfrage zu erwarten ist, die entweder jünger als das meinige sind oder wenigstens demselben hinsichtlich des Entwickelungsgrades sehr nahe stehen. Aeltere Stufen können zur Entscheidung der Frage nicht mehr verwerthet werden, da bei diesen das geschilderte Aneinanderlegen von Hautstiel, Allantoisblase und Amnion schon eingetreten ist.

His war nun insofern von Missgeschick heimgesucht, als trotz der ausserordentlich grossen Zahl von Embryonen, die ihm zu Gebote standen, doch gerade die jüngsten Stufen, wie der vorstehende Vergleich ergiebt, sehr spärlich vertreten sind und

überdies gerade diejenigen Stücke, welche für die Frage mass-
gebend sein konnten, an der entscheidenden Stelle im Stich
liessen.

Ich glaube letzteres nicht besser erweisen zu können, als
wenn ich den Autor wörtlich citire.

Da wir von Embryo Lg als zweifellos älter als der meinige
absehen können, so kommen von sämmtlichen Embryonen
eigentlich nur drei in Betracht. Es sind dies E, SR und $L_1$:
da der Embryo M indess nicht viel älter als der meinige ist,
so werde ich auch diesen noch in Berücksichtigung ziehen.

Embryo E. Ueber den Embryo E finden sich bei His
überhaupt nur kurze Notizen. Es handelt sich um ein Ei, das
His bereits im Jahre 1869 erhielt und damals ohne Erfolg zu
mikrotomiren versuchte.

Von diesem Embryo sagt His:[1]

„Nach meinen Erfahrungen zweifle ich nicht, dass
man mit Hilfe guter Glasphotographien noch mehr
Detail zu finden vermocht hätte als meine damals mit
Syst. I Hartnack aufgenommenen Zeichnungen dar-
bieten, besonders gewähren die letzteren über die genaueren Formverhältnisse des hinteren Körperendes
ungenügenden Aufschluss."

Der dem Text beigegebene Holzschnitt bestätigt diese Angabe vollkommen. Auf demselben ist nur der vordere Theil
der Embryonalanlage deutlich zu erkennen, die hintere Partie
dagegen nicht. Das Amnion steht bereits weit von der Embryonalanlage ab.

Embryo SR. Auch bei diesem Embryo war leider die
Mikrotomirung missglückt, wir sind daher bei Beurtheilung der

---

[1] a. a. O. I, Seite 146.

entscheidenden **Stellen** lediglich auf die Flächenbilder angewiesen. His sagt:[1]

„Ueber die **Randinsertion** des Bauchstiels geben
meine Zeichnungen und Photographien keinen ganz klaren
Aufschluss, weil dieselbe durch flockenartige Anhänge
verdeckt ist. Auch haben mir die Durchschnitte derselben wenig befriedigende Ergebnisse geliefert, nur soviel kann ich mit Sicherheit angeben, dass derselbe
bereits gefässhaltig ist."

Embryo $L_1$. Der Embryo $L_1$, der schon längere Zeit als
Sammlungspräparat in Alkohol aufbewahrt worden war, ist so
defekt, dass er zur Entscheidung der vorliegenden Frage an
sich schon wenig geeignet erscheint. Es fehlen, wie wir sahen,
Nabelblase, das Herz (bis auf einen kleinen Stumpf) und
Amnion. Ueber das hintere Körperende äussert sich His
folgendermassen[2]:

„Für das hintere Körperende sind schon der un-
günstigen Schnittrichtung halber die Ergebnisse weniger
befriedigend ausgefallen, und ich vermag vorerst über
diesen wichtigen Abschnitt nur fragmentarische Notiz
zu geben" und weiter „Ueber den Enddarm sind meine
Präparate leider unvollständig" .... „Bei der Unvoll-
ständigkeit des Materials widerstehe ich der Versuchung,
die Schnitte eingehend zu interpretiren und bei dem
Anlass auch die Frage von der Abgrenzung und der
ersten Gestalt der Allantois zu diskutiren. Sollte das
Glück in nächster Zeit einem Forscher einen Embryo
dieser frühen Entwickelungsstufe zuführen, so würde es
sich empfehlen, das Hauptaugenmerk vor allem auf

[1] a. a. O. I, Seite 144.
[2] a. a. O. I, Seite 137 u. 138.

entscheidende Durchschnitte des hinteren Leibesendes zu richten."

E m b r y o  M. [1]) Auch über den Embryo M waltet dasselbe ungünstige Geschick wie über den drei Vorgängern. Derselbe stammt aus dem Jahre 1863 und hatte vor der Bearbeitung längere Zeit als Sammlungspräparat gedient und war alljährlich zur Demonstration bei den Vorlesungen benutzt worden.

„Anlässlich einer dieser Demonstrationen wurde der von dem Embryo zum Chorion hingehende Stiel zerrissen."

Wie aus diesen Angaben ersichtlich, können die His'schen Embryonen einer strengen Kritik in dieser Specialfrage nicht Stand halten. Der Embryo M, der älter als der meinige ist, kommt ohnehin nicht mehr in Betracht und ist überdies wie die sämmtlichen übrigen an der entscheidenden Stelle defekt.

Es bleiben somit nur die älteren Embryonen, auf welche His seine Bauchstieltheorie aufbauen konnte. Wie wir sahen, entspricht das Verhalten derselben am hinteren Körperende den Schilderungen, die His über den Verbindungsstrang zwischen Embryo und äusserer Eihaut entwirft; es kann daher die erste Frage nur in bejahendem Sinne beantwortet werden. Nach Lage seines Materials konnte His zu keinen anderen Resultaten gelangen, als er in der That kam.

Ich komme daher zu dem Schluss: Die S c h i l d e r u n g, w e l c h e His v o n  d e m  V e r b i n d u n g s s t r a n g e  z w i s c h e n E m b r y o  u n d  ä u s s e r e r  E i h a u t  e n t w i r f t, i s t  r i c h t i g; s i e  b e z i e h t  s i c h  i n d e s s  a u f  s p ä t e r e  S t a d i e n, d a d e m  A u t o r  t r o t z  s e i n e s  r e i c h l i c h e n  M a t e r i a l s  k e i n e i n z i g e s  e i n w a n d f r e i e s  O v u l u m  a u s  d e r  f ü r  d i e

---

[1]) a. a. O. I, Seite 116.

Allantoisfrage in Betracht kommenden Zeit der
Entwickelung vorgelegen hat.

Was nun weiter die thatsächlichen Befunde, auf welchen
die bisherige Allantoislehre aufgebaut ist, anlangt, so brauche
ich kaum noch besonders hervorzuheben, dass sich sämmtliche
aufs ungezwungenste mit meiner Darstellung in Einklang
bringen lassen. Wir können die Befunde in verschiedene Kate-
gorien theilen. In einigen Fällen sind Allantoisblase und Hautstiel nachweisbar, in anderen nur die Allantoisblase und in
wieder anderen nur der Hautstiel. Alle diese Fälle erklären sich
aufs ungezwungendste, wenn man bedenkt, wie leicht Allantoisblase und Hautstiel bei der Eröffnung des Eies oder Herausnahme des Embryos abbrechen resp. lädirt werden können.

Schwierigkeiten in der Deutung könnten nur dann entstehen, wenn, wie in dem mitgetheilten Falle von Coste, die
Allantoisblase ohne Vermittelung eines häutigen Blattes an
die äussere Eihaut angeheftet wäre [1]. Allein derartige Fälle
finden sich in der Literatur nicht verzeichnet, und der Fall
von Coste ist einer anderen Deutung zugänglich. Der Autor
berichtet nämlich, dass an der betreffenden Stelle das Gewebe
des Chorions zarter gewesen sei als an allen anderen; es ist
daher sehr wohl denkbar, dass es sich nur um eine Verklebung
durch Zwischengewebe gehandelt hat. Diese Vermuthung wird
aber bei einer vorurtheilsfreien Betrachtung der Coste'schen
Zeichnung zur Gewissheit.

In allen anderen Fällen ist die Anheftung durch den Hautstiel bedingt, der häufig die Allantoisblase vollständig bedeckt
und sich über dieselbe hinweg nach dem Chorion begiebt, um
sich daselbst, in der Regel breitbasig, festzuheften. Als typi-

---

[1] Der Fall No. 3 von Allen Thomson gehört nicht hierher, da aus der
Abbildung das Vorhandensein eines Hautstiels hervorgeht.

sches Bild dieser Form kann das schöne Ovulum von Rudolf
Wagner gelten, in welchem man durch den dünnen Hautstiel die Allantoisblase deutlich durchschimmern sieht.   Auch
das bekannte, in dieser Schrift bisher nur beiläufig erwähnte
Ei von Coste[1]) weist denselben Befund auf. Hier sieht man
deutlich den Hautstiel, auf dem die Gefässe verlaufen, sich
nach dem Chorion begeben und breit inseriren, während die
Blasenform der Allantois etwas weniger deutlich als in dem
Fall von Wagner hervortritt.

---

[1]) M. Coste, Histoire générale et particulière du développement des corps
organisés.  Espèce humaine Tab. II.

# Nachtrag zu Seite 43.

Im Anschluss an die Angabe von His, dass beim menschlichen Embryo keine überzähligen Segmente angelegt werden und die Zahl derselben den 34 Wirbeln entsprechend 35 beträgt, ist nachzutragen, dass Fol (Sur la queue de l'embryon humain, Comptes rendus hebdomadaires des séances de l'Académie des sciences, Paris 1885 Seite 1469) der Pariser Akademie einen Embryo von 5,6 mm. (25 Tagen) vorlegte, welcher nur 33 Somiten besass, während er bei 2 Embryonen von 8—9 mm. 38 Wirbel (vertèbres) nachweisen konnte. Die überzähligen Wirbel werden nach diesem Autor schon in der zehnten Woche zurückgebildet.

# ERKLÄRUNG DER TAFELN.

# Tafel I.

Embryo von der rechten Seite bei 31 facher Vergrösserung dargestellt.

Das Amnion liegt dem Embryo knapp an und ist auf der Zeichnung als heller, die Contouren des Embryos umgebender Saum zur Anschauung gebracht. Die Nabelblase fehlt.

In der Nähe des Schwanzendes ist der Embryo an seiner ventralen Seite durch einen Einriss defekt; auch hinter der Mundbucht ist eine geringfügige Läsion vorhanden, die indess in der Flächenansicht nicht sichtbar ist.

Der Kopf gliedert sich in

*Vh* Vorderhirn,

*Zh* Zwischenhirn,

*Mh* Mittelhirn,

*Hh* Hinterhirn,

*Nh* Nachhirn.

*Mb* die unter dem Vorderhirn befindliche Mundbucht, die im vorderen oberen Winkel in die kaum angedeutete Augen-Nasenrinne ausläuft.

*Sb, Ab* Hervorragung, welche durch die Schlundbogen und den Aortenbulbus gebildet wird. Durch das Amnion hindurch sind die einzelnen Schlundbogen nicht zu erkennen; wie die Schnitte lehren, waren dieselben in der Abgliederung begriffen.

*V* Ventrikel und Vorhofstheil des Herzens.

*Us* Ursegmente.

*A* Allantois. Dieselbe entspringt als blasenförmiges Gebilde auf der äussersten Spitze des nach vorn und aufwärts gerichteten hinteren Körperendes des Embryos und endigt nach zweimaliger, fast rechtwinkeliger Umbiegung frei mit einer abgestumpften Spitze.

*Hs* Hautstiel, ein häutiges Band, welches vor dem Ansatz der Allantois an der ventralen Seite des hinteren Leibesendes entspringt und den Ansatz der Allantois an das hintere Körperende überdeckend sich an die äussere Eihaut festheftet, in deren innere Lamelle es sich verliert.

Der Hautstiel, der somit die Verbindung zwischen Embryo und äusserer Eihaut herstellt, ist so dünn und durchscheinend, dass die Contouren der unter demselben liegenden Organe deutlich hervortreten.

Gefässe sind auf dem Hautstiel nicht nachweisbar.

Wegen der weiteren Beschreibung der äusseren Form des Embryos verweise ich auf den Text, Seite 8.

## Tafel II.

### Embryo von der linken Seite dargestellt.

Gliederung des Kopfes, Mundbucht, Schlundbogen, Aortenbulbus, Ventrikeltheil des Herzens, Urwirbelgliederung und Verhalten des Amnions wie auf Tafel I.

Am hinteren Körperende, das mit einer abgestumpften, nach vorn und aufwärts gerichteten Spitze endigt, entspringt die Allantois, die auf dieser Seite nicht von dem Hautstiel überlagert ist. Sie bildet die Fortsetzung des distalen Körperendes, ist von demselben aber durch eine sehr deutliche ringförmige Einziehung geschieden.

Durch die Umbiegung des hinteren Körperendes nach vorn und oben sind einige Querfalten entstanden, die auf der Abbildung dargestellt sind.

Vor dem Ansatz der Allantois entspringt der Hautstiel.

Das Verhalten des Amnions am hinteren Körperende ist deutlich zu übersehen. Dasselbe umhüllt knapp das hintere Körperende des Embryos und inserirt sich auf der äussersten Spitze desselben in der durch den Ansatz der Allantois gebildeten Rinne. Die Allantois wird nicht von dem Amnion überzogen.

## Tafel III.

### Embryo von der Ventral- Ventral- und rechten Profil-)Seite dargestellt.

Der Embryo ist in grösster Ausdehnung offen. Der Spalt beginnt an der vorderen Fläche des Herzens und endigt scheinbar vor der ventralen Krümmung des hinteren Körperendes des Embryos. Hinsichtlich seines sonstigen Verhaltens Ausdehnung, Begrenzung, Beziehung zum Amnion) verweise ich auf den Text Seite 11. Wegen der weiteren Formbeschreibung des Embryos ist Tafel I zu vergleichen.

## Tafel IV.

### Maasse des Embryos.

A. Vom Scheitelpunkt des Hirnrohrs (Mittelhirn) bis zur Schwanzkrümmung 3,78 mm.

C. Von der stärksten Hervorragung des Vorderhirns bis zur stärksten Erhebung des Mittelhirns 1,48 mm.

D. Höhe des Vorderhirns 0,72 mm.

E. Breite des Embryos in der Gegend der Schlundbogen 1,39 mm.

F. Breite des Embryos in der Herzgegend (von der stärksten Hervorragung des Herzens nach dem gegenüberliegenden Punkt der Rückenlinie) 1,48 mm.

G. Breite der Allantois am proximalen Ende 0,49 mm.

H. Breite der Allantois am distalen Ende 0.45 mm.

I. Circumferenz der Allantois (vom Ansatz am hinteren Körperende des Embryos bis zur Spitze) 2,16 mm.

K. Länge der Nabelöffnung in der Längsrichtung des Embryos 1,44 mm.

Circumferenz der Rückenlinie vom Scheitelpunkt des Vorderhirns bis zur Schwanzspitze 5,13 mm.

## Tafel V—X.

### Erklärung der Schnitte.

Die Schnitte besitzen eine Dicke von 0.1 mm. und sind bei 45facher Vergrösserung mit dem Hartnack'schen Prisma aufgenommen. Von jedem Schnitt wurde zunächst eine Skizze angefertigt und hierauf die definitive Zeichnung direkt nach dem mikroskopischen Präparat von dem verstorbenen akad. Zeichenlehrer Weiland unter unausgesetzter Controle gezeichnet. Schematisiren wurde peinlichst vermieden und bei der Darstellung auf grösste Naturtreue Gewicht gelegt. Schnitt 24 verunglückte beim Zeichnen, es sind jedoch die vorher mit dem Prisma aufgenommenen Contouren wiedergegeben.

Da der Text eine ausführliche Beschreibung der Schnitte darstellt, so verweise ich, um Wiederholungen zu vermeiden, auf denselben. Seite 14—31.

Zu Fig. V Taf. X, die den Embryo bei Loupenvergrösserung von der linken Körperseite unmittelbar nach seiner Herausnahme aus dem Chorion darstellt, bemerke ich noch folgendes:

Nachdem festgestellt, dass der Embryo mit seinem Schwanzende durch ein kurzes hautartiges Band an die Innenfläche des Chorions befestigt war, wurde, um ihn der Untersuchung zugänglicher zu machen, die Trennung von letzterem vorgenommen. Dies geschah in der Weise, dass ein grösseres Stück Innenfläche des Chorions excidirt wurde und mit dem Embryo resp. dem Hautstiel in Verbindung blieb.

Der an dem distalen Körperende des Embryos in der Zeichnung befindliche Hautlappen stellt das excidirte Stück Chorion im Zusammenhang mit dem Hautstiel dar.

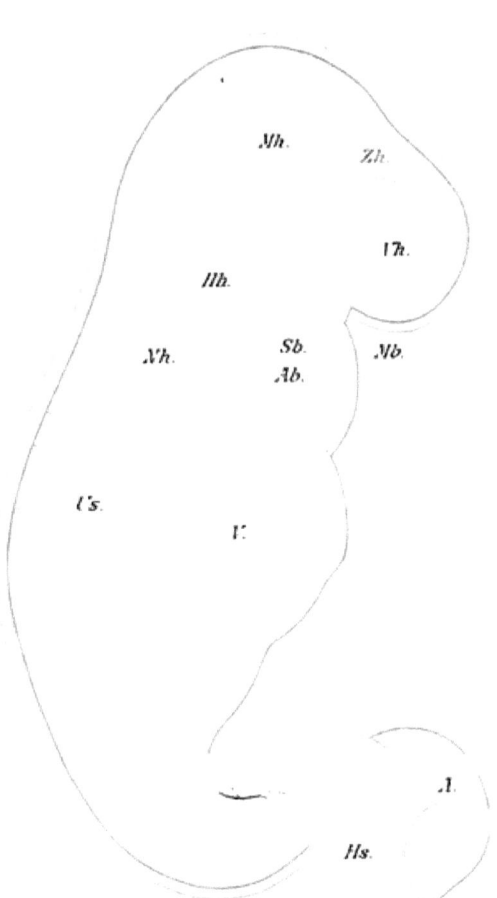

v. Preuschen. Allantois

*v. Preuschen. Allantois.*

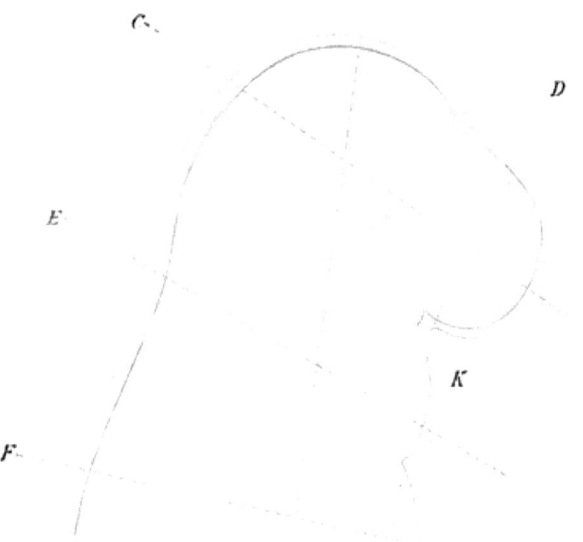

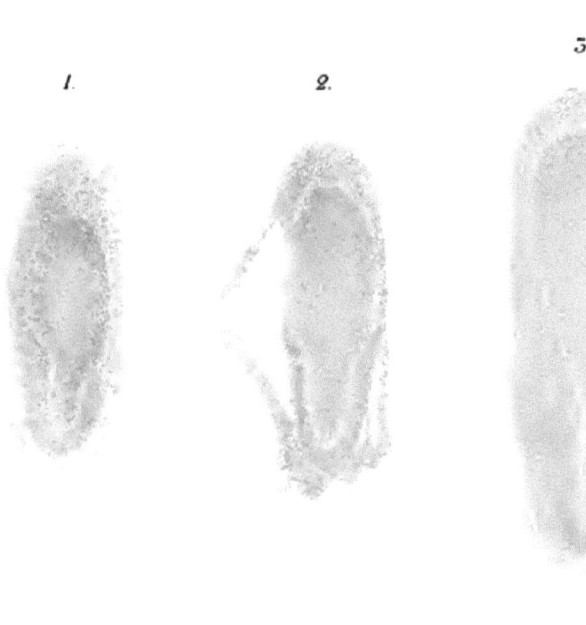

1.  2.  3.

4.  5.  6.

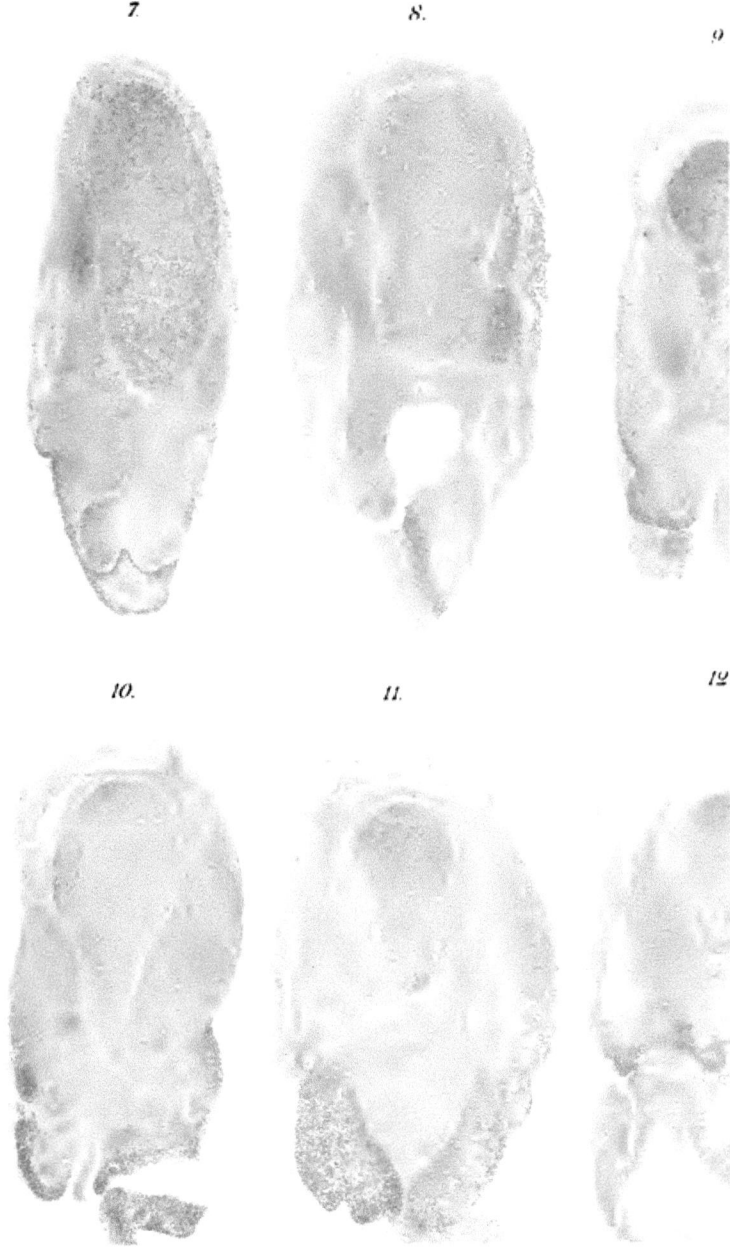

*15.*

*16.*

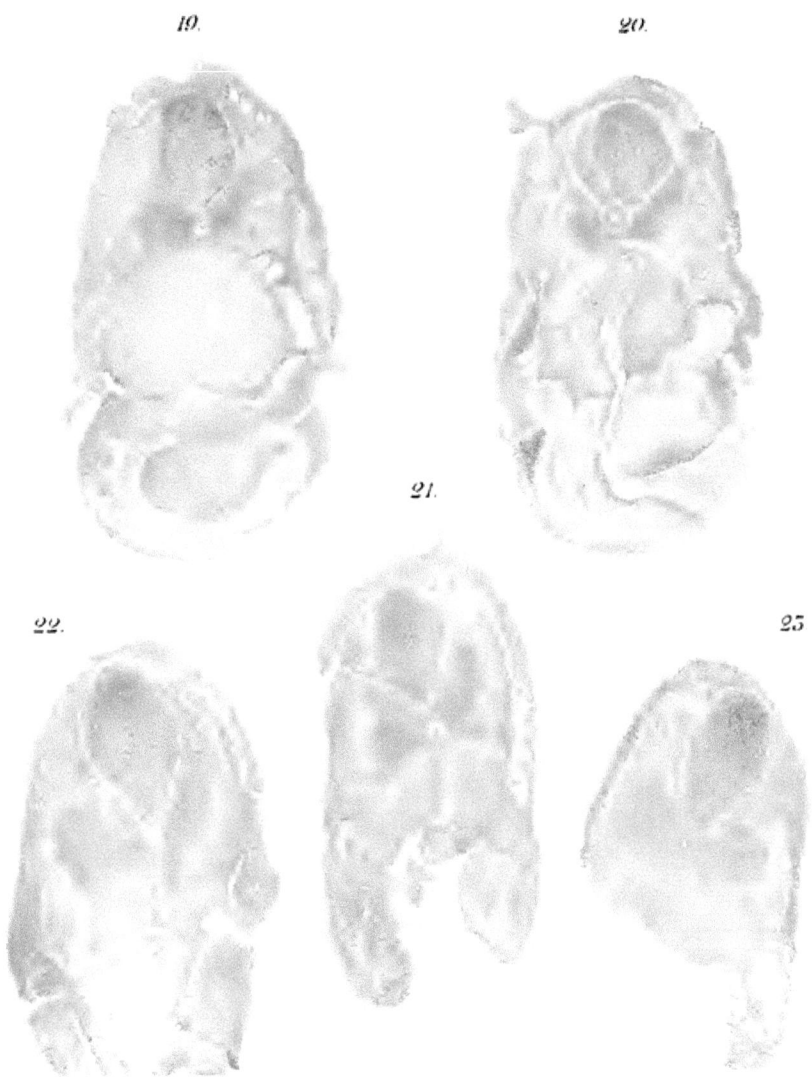

19.

20.

21.

22.

23.

24

25

27.  28.

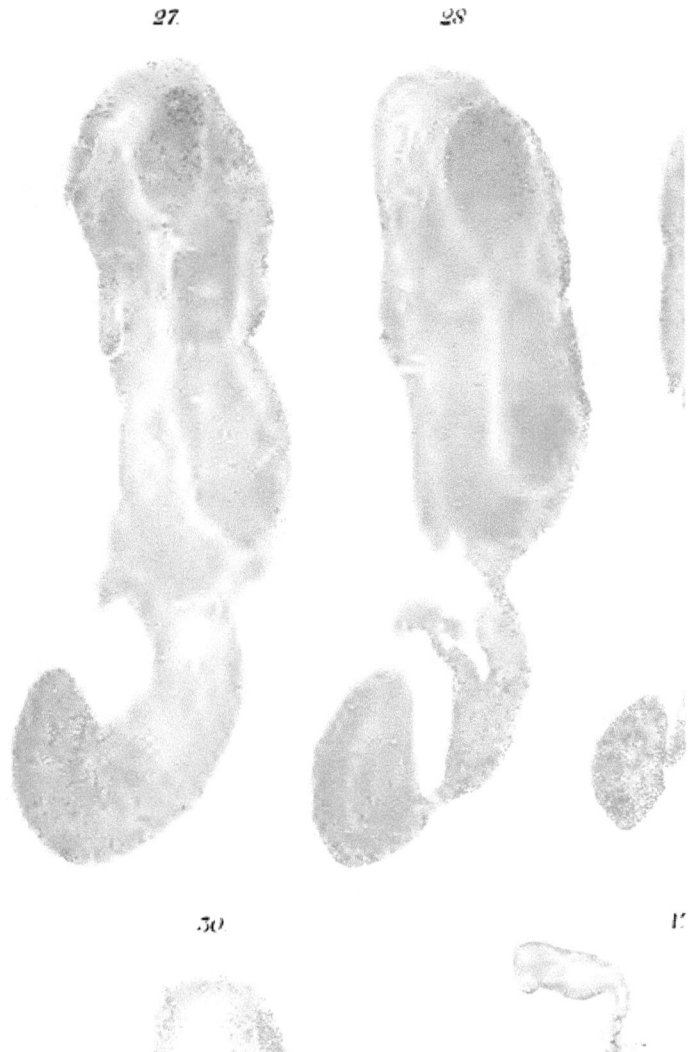

30.